村庄整治技术手册

给水设施与水质处理

住房和城乡建设部村镇建设司　组织编写
北京市市政工程设计研究总院　主编

中国建筑工业出版社

图书在版编目(CIP)数据

给水设施与水质处理/北京市市政工程设计研究总院主编. —北京：中国建筑工业出版社，2009

（村庄整治技术手册）

ISBN 978-7-112-11656-0

Ⅰ. 给… Ⅱ. 北… Ⅲ. ①农村给水—给水设备—手册②农村给水—水质—水处理—手册 Ⅳ. TU821-62 R123. 9-62

中国版本图书馆 CIP 数据核字(2009)第 219612 号

村庄整治技术手册

给水设施与水质处理

住房和城乡建设部村镇建设司 组织编写

北京市市政工程设计研究总院 主编

*

中国建筑工业出版社出版、发行（北京西郊百万庄）

各地新华书店、建筑书店经销

北京天成排版公司制版

北京建筑工业印刷厂印刷

*

开本：880×1230毫米 1/32 印张：4⅞ 字数：148千字

2010年3月第一版 2014年8月第二次印刷

定价：**15.00**元

ISBN 978-7-112-11656-0

(18903)

本书为村庄整治技术手册之一。书中依据《村庄整治技术规范》(GB 50445—2008)的要求，对村庄给水设施及水质处理方法进行了详细的介绍。主要内容有：给水方式；水源；集中式给水工程；分散式给水工程；特殊水处理；工程实例分析。可供各省、市、县建设行政管理部门村庄整治管理人员；农村基层建设技术人员；各镇、乡、村领导学习使用。

* * *

责任编辑：刘 江
责任设计：赵明霞
责任校对：袁艳玲 王雪竹

《村庄整治技术手册》
组委会名单

主　任: 仇保兴　住房和城乡建设部副部长
委　员: 李兵弟　住房和城乡建设部村镇建设司司长
赵　晖　住房和城乡建设部村镇建设司副司长
陈宜明　住房和城乡建设部建筑节能与科技司司长
王志宏　住房和城乡建设部标准定额司司长
王素卿　住房和城乡建设部建筑市场监管司司长
张敬合　山东农业大学副校长、研究员
曾少华　住房和城乡建设部标准定额所所长
杨　榕　住房和城乡建设部科技发展促进中心主任
梁小青　住房和城乡建设部住宅产业化促进中心副主任

《村庄整治技术手册》编委会名单

郝芳洲　中国农村能源行业协会研究员
徐海云　中国城市建设研究院总工程师、研究员
顾宇新　住房和城乡建设部村镇建设司村镇规划(综合)处处长
倪　琪　浙江大学风景园林规划设计研究中心副主任
凌　霄　广东省城乡规划设计研究院高级工程师
戴震青　亚太建设科技信息研究院总工程师

序

当前，我国经济社会发展已进入城镇化发展和社会主义新农村建设双轮驱动的新阶段，中国特色城镇化的有序推进离不开城市和农村经济社会的健康协调发展。大力推进社会主义新农村建设，实现农村经济、社会、环境的协调发展，不仅经济要发展，而且要求大力推进生态环境改善、基础设施建设、公共设施配置等社会事业的发展。村庄整治是建设社会主义新农村的核心内容之一，是立足现实、缩小城乡差距、促进农村全面发展的必由之路，是惠及农村千家万户的德政工程。它不仅改善了农村人居生态环境，而且改变了农民的生产生活，为农村经济社会的全面发展提供了基础条件。

在地方推进村庄整治的实践中，也出现了一些问题，比如乡村规划编制和实施较为滞后，用地布局不尽合理；农村规划建设管理较为薄弱，技术人员的专业知识不足、管理水平较低；不少集镇、村庄内交通路、联系道建设不规范，给水排水和生活垃圾处理还没有得到很好解决；农村环境趋于恶化的态势日趋明显，村庄工业污染与生活污染交织，村庄住区和周边农业面临污染逐年加重；部分农民自建住房盲目追求高大、美观、气派，往往忽略房屋本身的功能设计和保温、隔热、节能性能，存在大而不当、使用不便，适应性差等问题。

本着将村庄整治工作做得更加深入、细致和扎实，本着让农民得到实惠的想法，村镇建设司组织编写了这套《村庄整治技术手册》，从解决群众最迫切、最直接、最关心的实际问题入手，目的是为广大农民和基层工作者提供一套全面、可用的村庄整治实用技术，推广各地先进经验，推行生态、环保、安全、节约理念。我认为这是一项非常及时和有意义的事情。但尤其需要指出的是，村庄整治工作的开展，更离不开农民群众、地方各级政府和建设主管部门以及社会各界的共同努力。村庄整治的目的是为农民办实事、办好事，我希望这套丛书能解决农村一线的工作人员、技术人员、农民参与村庄整治的技术需求，能对农民朋友们和广大的基层工作者建设美好家园和改变家乡面貌有所裨益。

仇保兴

2009 年 12 月

前　言

《村庄整治技术手册》是讲解《村庄整治技术规范》主要内容的配套丛书。按照村庄整治的要求和内涵，突出“治旧为主，建新为辅”的主题，以现有设施的改造与生态化提升技术为主，吸收各地成功经验和做法，反映村庄整治中适用实用技术工法(做法)。重点介绍各种成熟、实用、可推广的技术(在全国或区域内)，是一套具有小、快、灵特点的实用技术性丛书。

《村庄整治技术手册》由住房和城乡建设部村镇建设司和山东农业大学共同组织编写。丛书共分13分册。其中，《村庄整治规划编制》由山东农大组织编写，《安全与防灾减灾》由北京工业大学组织编写，《给水设施与水质处理》由北京市市政工程设计研究总院组织编写，《排水设施与污水处理》由住房城乡建设部农村污水处理北方中心组织编写，《村镇生活垃圾处理》由中国城市建设研究院组织编写，《农村户厕改造》由中国疾病预防控制中心组织编写，《村内道路》由中国农业大学组织编写，《坑塘河道改造》由广东省城乡规划设计研究院组织编写，《农村住宅改造》由同济大学组织编写，《家庭节能与新型能源应用》由亚太建设科技信息研究院组织编写，《公共环境整治》由中国建筑设计研究院城镇规划设计研究院组织编写，《村庄绿化》由浙江大学组织编写，《村庄整治工作管理》由山东农业大学组织编写。在整个丛书的编写过程中，山东农业大学在组织、协调和撰写等方面付出了大量的辛勤劳动。

本手册面向基层从事村庄整治工作的各类人员，读者对象主要包括村镇干部，村庄整治规划、设计、施工、维护人员以及参与村庄整治的普通农民。

村庄整治技术涉及面广，手册的内容及编排格式不一定能满足所有读者的要求，对书中出现的问题，恳请广大读者批评指正。另外，村庄整治技术发展迅速，一套手册难以包罗万象，读者朋友对在村庄整治工作中遇到的问题，可及时与山东农业大学村镇建设工程技术研究中心(电话 0538-8249908，E-mail：zgczjs@126. com)联系，编委会将尽力组织相关专家予以解决。

编委会

2009 年 12 月

本书前言

《村庄整治技术手册》是根据住房和城乡建设部的要求，为了配合《村庄整治技术规范》(GB 50445—2008)的贯彻、实施，由住房和城乡建设部村镇建设司会同有关设计、研究和教学单位编制而成。全书共有13分册，本册为第3分册《给水设施与水质处理》。

本册主要内容包括：1 绪论；2 给水方式；3 水源；4 集中式给水工程；5 分散式给水工程；6 特殊水处理；7 工程实例分析。

本册主编单位：北京市市政工程设计研究总院

本册主要起草人：李艺　赵志军　戴前进　刘学功　崔招女

目　录

1 绪 论

1.1 农村给水现状及存在问题

我国是一个农业大国，同时又是世界上人口最多的发展中国家。根据有关数据统计，截止2008年末，我国农村人口数约9.2亿，占人口总数的69.7%。受自然、经济和社会等条件制约，农村居民饮水困难和饮水安全问题长期存在，大多数农村给水设施较为落后和简陋，自来水普及率较低，且我国地域辽阔，各地情况差异较大。

1.1.1 农村给水的基本情况

根据《全国农村饮水安全现状调查评估报告》的调查成果，截至2004年底，全国农村集中式给水(主要指服务200人以上或日供水能力在20m³以上的给水工程)人口为36243万人，占农村总人口的38%；分散式给水(主要指户建、户管、户用的浅井、集雨、引泉和直接取用方式的给水工程)人口为58106万人，占农村总人口的62%。农村供水总体现状详见表1-1。

农村供水总体现状 表1-1

分区	集中式供水人口(万人)	占农村总人口比例(%)	分散式供水人口(万人)	占农村总人口比例(%)
全国	36243	38%	58106	62%
东部地区	9479	33%	19526	67%
中部地区	13025	32%	27750	68%
西部地区	13739	56%	10830	44%

1.1.2 农村给水中存在的主要问题

1. 水源污染加剧，饮水安全问题突出

根据有关调查结果，至2008年底，全国农村饮水不安全人口为近2.2亿人，占农村总人口的23%。其中，水质不安全人口，占饮水不安全人口的70%；水量、方便程度或保证率不达标人口，占饮水不安全人口的30%。饮用水水质超标，已成为我国农村饮水安全面临的主要问题。

2. 现有供水设施简陋、陈旧

受建设资金限制，集中式给水往往只有水源和管网，缺少完善的水处理设施和水质检验措施；而分散式给水多数为户建、户管、户用，普遍缺乏水质检验和监测措施，存在较大安全隐患。

3. 维护管理不到位

农村给水工程中，重建设、轻管理现象较为普遍，多数地区缺乏专业的管理人员，日常维护仅靠农民传统的经验和习惯做法，科学性、系统性较差，而且水费的计收问题突出，缺少维护经费导致现有给水设施瘫痪、甚至无限期停用。

1.2 整治目的和基本要求

通过对村庄给水设施的整治，解决一些地方存在的高氟水、高砷水、苦咸水等饮用水水质不达标的问题以及局部地区饮用水严重不足的问题，对现有给水设施和水质处理中存在的问题进行整治，保证农民饮水安全。整治过程中应遵循以下基本要求：

(1) 统筹规划、突出重点

农村给水设施整治过程要与村庄整治相结合，统筹考虑。重点整治农村居民饮用高氟水、高砷水、苦咸水、污染水及微生物病害等严重影响身体健康的水质问题，以及局部地区严重缺水的问题。

(2) 防治结合、综合治理

划定水源保护区，加强水源地保护，防止供水水源受到污染和人为破坏；根据水源水质情况，采取相应的水质净化和消毒措施，同时加强水质检验，建立水质监测体系，保障供水安全。

(3) 因地制宜、注重实效

要根据当地的自然、经济、社会、水资源等条件以及村庄发展需要，做好区域给水工程规划，加强工程可靠性和可持续性论证，水质、水量并重，合理选择水源、工程形式、确定供水规模和水质净化措施。

(4) 建管并重、完善机制

农村给水设施整治，要落实管理主体和责任，确保工程质量；对于整治完的给水设施，要建立验收、跟踪调查和水质监测制度，完善管理机制，保证整治效果；并要加强健康教育，宣传普及饮水安全知识，大力提倡节约用水。

2 给水方式

2.1 给水方式类别及优缺点

农村给水方式主要包括集中式给水和分散式给水两大类。

集中式给水是指以一个或多个居民点为单元，自水源集中取水，经统一净化处理和消毒后，通过输配水管网送到用户或者公共取水点的给水方式，如图 2-1 所示。

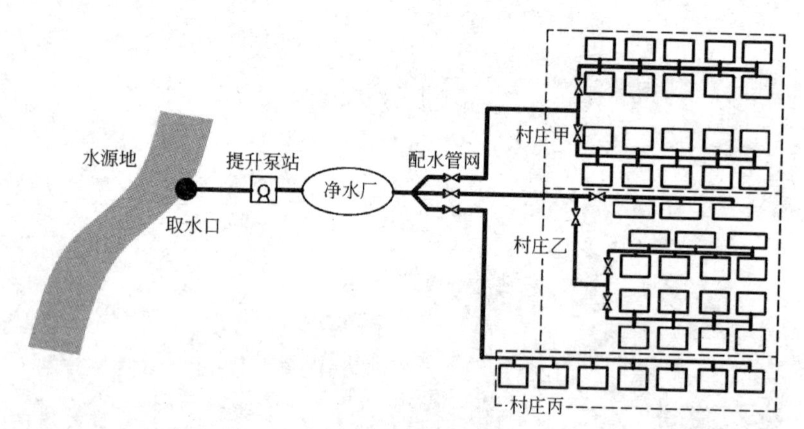

图 2-1 集中式给水方式示意图

分散式给水是指以一户或几户为单元的给水方式，主要包括手动泵、引泉池和雨水收集等单户或联户分散式给水方式，如图 2-2 所示。

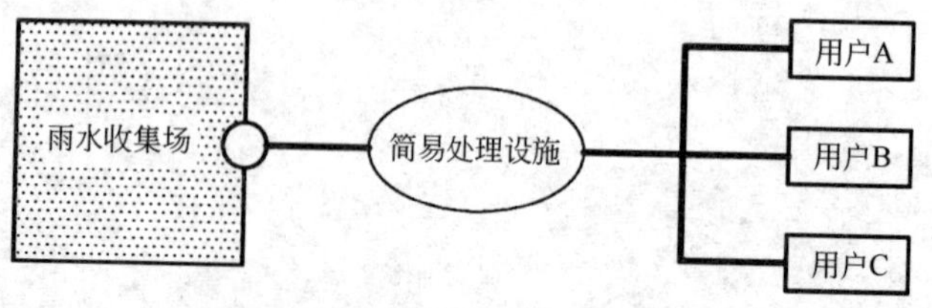

图 2-2 分散式给水方式示意图

不同给水方式的优缺点见表 2-1。

不同给水方式的优缺点　　表 2-1

优缺点 \ 给水方式	集中式给水	分散式给水
优点	水量、水质保证率高，便于统一运行管理	建设灵活，一般投资较少，专业技术要求相对较低
缺点	专业技术要求高，制水成本相对较大	分散、不易统一管理

2.2 给水方式的选择

给水方式严格讲并非由农民个体自由确定，一般应由政府部门结合当地镇(乡)村规划、水源条件、地形条件、能源条件、经济条件及技术水平等因素合理划分供水范围，综合确定给水方式。

不同给水方式的适用条件见表 2-2。

不同给水方式的适用条件　　表 2-2

适用条件 \ 给水方式	集中式给水	分散式给水
地理位置	距城镇较近	偏远地区
水源条件	水源集中、水量充沛、水质较好	水源分散、水量较小
地形条件	平原地区	山区和丘陵地区
用户条件	居民点集中	居民点分散
经济条件	相对发达地区	相对贫困地区

供水范围和给水方式应根据区域的水资源条件、用水需求、地形条件、居民点分布等进行技术经济比较，按照优质水优先保证生活饮用工程投资和运行成本合理及便于管理的原则确定。

距离城镇供水管网较近，条件适宜时，应选择管网延伸供水，纳入到城镇供水系统中。

水源水量充沛，在地形、管理、投资效益比、制水成本等条件适宜时，应优先选择适度规模的联村或联片集中式给水方式。

水源水量较小，或受其他条件限制时，可选择单村集中式给水方式。

确无好水源，或水量有限或制水成本较高、用户难于接收时，可分质供水。

无条件建设集中式给水工程的农村，可根据当地村庄整治的具体情况和需要，选择手动泵、引泉池或雨水收集等单户或联户分散式给水方式。

2.3 给水方式整治内容及方法

目前我国农村供水尚缺乏整体的统筹规划，部分村庄给水方式选择不合理，与当地实际情况结合不够紧密，需要进行整治。

给水方式整治内容及方法见表2-3。

给水方式整治内容及方法 **表2-3**

整治内容	整 治 方 法
给水方式	结合村庄整治总体规划，从地理位置、水源条件、地形条件等方面对原有给水方式进行评估
	根据2.2节给水方式的适用条件及选择原则，重新确定给水方式。符合上述条件和原则的给水方式予以保留，否则应进行调整

3 水　源

农村给水工程的水源类型较多，水源选择最主要的条件是水源的水量、水质和卫生防护条件。水源选择恰当，不但可以保证水量充足，水质安全卫生，而且可以简化净水处理工艺，降低工程投资与制水成本，便于管理和进行卫生防护。水源是农村给水工程整治的重点内容之一。

3.1 水源类型及特点

给水水源分为两大类：一类是地下水源：如上层滞水、潜水、承压水、泉水等。另一类是地表水源：如江、河、湖、水库、山溪等。地表水源水量充沛，可满足较大用水量的需要。

水源类型及特点见表 3-1。

水源类型及特点　　表 3-1

水源类型		特　点
地下水	上层滞水	一般分布范围不大，水量较小，且受当地气候影响，随季节变化大，水质易受污染，不宜作为饮用水源
	潜水	分布普遍，一般埋藏较浅，易开采。根据含水层性质的不同，水量差异很大。水位和水量随当地气象因素影响而变化。水质较易受污染
	承压水	一般埋藏较深，含水层富水性较好，水量丰富。水位和水量较稳定，受当地气象影响不显著。不易受污染，水质较好，但一般硬度较高
	泉水	下降泉由上层滞水或潜水补给，水量、水质随季节而变化；上升泉由承压水补给，数量、水质较稳定，随季节变化小
地表水	山溪水	水量受季节和降水的影响较大，一般水质较好，浊度较低，但有时漂浮物较多
	江河水	易受三废(废水、废气、废渣)及人为的污染，也受自然与人为因素的影响，有时水中悬浮物和胶体物质含量多，浊度较高，须作处理
	湖泊、水库水	主要由降雨和河水补给。水质与河水相近，但因水体流动小，经自然沉淀，浊度较低。然而含藻类较多，生物死亡残骸使水质易产生色、嗅、异味

3.2 水源选择

选择给水水源，首先应满足水质良好、水量充沛、便于防护的要求。一般可优先选用水质良好的地下水，其次是河、湖、水库水，对于水源极度缺乏的地区，亦可收集雨水作为水源。有多个水源可供选择时，应通过技术经济比较确定，并优先选择技术条件好、工程投资低、运行成本低和管理方便的水源。

(1) 采用地下水作为生活饮用水水源时，水质应符合现行国家标准《地下水质量标准》(GB/T 14848)的规定；采用地表水作为生活饮用水水源时，水质应符合现行国家标准《地表水环境质量标准》(GB 3838)的规定；水源水质不能满足上述要求时，应采取必要的处理工艺，使处理后的水质符合现行国家标准《生活饮用水卫生标准》(GB 5749)的规定。

(2) 采用地下水作为供水水源时，取水量应小于允许开采量；用地表水作为供水水源时，其设计枯水流量的年保证率宜不低于90%。当单一水源水量不能满足要求时，可采取多水源供水或增加调蓄等措施。

(3) 有地形条件、可重力引水时，宜优先考虑以高地泉水、高位水库等作为供水水源。

3.3 水源保护

近些年，随着我国广大农村地区经济的发展，部分地区给水水源受到了不同程度的污染，严重威胁到广大农民的饮水安全。因此水源保护是水源整治的重点内容之一，各地相关管理部门应给予高度的重视。

生活饮用水的水源，必须建立水源保护区。保护区严禁建设任何可能危害水源水质的设施和一切有碍水源水质的行为。饮用水水源保护区的划分应符合现行行业标准《饮用水水源保护区划分技术规范》(HJ/T 338)的规定，并应符合国家及地方水源保护条例的规定。

1. 地下水源保护

地下水水源保护应符合下列规定：

(1) 地下水水源保护区和井的影响半径范围应根据水源地所处的地理位置、水文地质条件、开采方式、开采水量和污染源分布等情况确定，单井保护半径应大于井的影响半径且不小于50m。

(2) 水源井的影响半径范围内，不应开凿其他生产用水井。保护区内不应使用工业废水或生活污水灌溉和施用持久性或剧毒农药；不应修建渗水厕所、污废水渗水坑，堆放废渣、垃圾或铺设污水渠道；不得从事破坏深层土层活动。

(3) 雨季应及时疏导地表积水，防止积水入渗和漫溢到水源井内污染水源。

(4) 渗渠、大口井等受地表水影响的地下水源，防护措施应遵照地表水水源保护要求执行。

2. 地表水源保护

地表水水源保护应符合下列规定：

(1) 水源保护区内不应从事捕捞、网箱养鱼、放鸭、停靠船只、洗涤和游泳等可能污染水源的任何活动，并应设置明显的范围标志和禁止事项的告示牌。

(2) 取水点上游1000m至下游100m的水源保护区内，不应排入工业废水和生活污水；其沿岸防护范围内，不应堆放废渣、垃圾，不应设立有毒、有害物品仓库及堆栈。不得从事放牧等可能污染该段水域水质的活动。

(3) 水源保护区内不得新增排污口，现有排污口应结合村庄排水设施整治予以取缔。

(4) 输水渠道、作预沉池(或调蓄池)的天然池塘，防护措施与上述要求相同。

3. 水源保护区标志

水源保护区标志牌的设置原则及样式详见国家环境保护部颁布的《饮用水水源保护区标志技术要求》(HJ/T 433—2008)，如图3-1所示。

图 3-1　水源保护区标志牌示意图

3.4　水源整治内容及方法

目前我国农村部分给水工程仍存在着水源选择不合理，水源保护措施不够完善等问题，需要进行整治。

水源整治的主要内容及方法见表 3-2。

水源整治主要内容及方法　　**表 3-2**

整治内容	整治方法
水源选择	(1) 结合当地水源类型、位置等具体情况，从水质条件、水量、引水方便程度及供水保证率等方面对原有水源进行评估 (2) 根据评估结果及 3.2 节水源选择原则确定水源
水源保护	设立水源保护区及标志牌，根据 3.3 节水源保护规定进行检查，清除水源保护区内的污染源，对任何可能污染水源水质的行为和设施进行整治，加强教育，提高农民水源保护意识

4 集中式给水工程

集中式给水工程一般包括取水构筑物、输水管渠、净水构筑物、调蓄构筑物及配水管网等。一方面，由于受到建设资金限制，目前我国农村部分集中式给水工程往往只有水源和管网，缺少完善的水处理和消毒设施及水质检验措施，需要进行整治或改造；另一方面，由于水源水质受到污染和执行新的饮用水卫生标准，水质标准提高原有处理工艺不能满足供水水质要求，或用水量增加，原有给水设施不能满足用水需求，也需要进行整治或改造。

集中式给水工程的设计、施工和管理应由具有一定资质的专业单位承担。

4.1 水质处理方法及工艺流程

4.1.1 水质处理方法

饮用水处理的目的是对所选水源进行适当处理，去除水中的有害成分，使处理后的水质达到《生活饮用水卫生标准》(GB 5749)的要求。饮用水处理涉及多种水处理技术，可将其分为常规处理、预处理、强化混凝沉淀、特殊水处理、深度处理等工艺。

(1) 常规处理：主要去除地表水中悬浮物、胶体和病源微生物，降低水的浊度，其处理流程一般由混凝、沉淀(澄清)、过滤、消毒组成；当原水浊度经常超过 500NTU 时，为保证净水效果，降低混凝剂用量，可进行预沉淀。

(2) 预处理：当饮用水水源受到一定程度的污染时，在常规处理前，先进行预处理，以确保后续混凝沉淀的效果，包括粗大悬浮物和漂浮物的筛除、沉砂、高浊度水的预沉淀、原水储存、土层渗滤、曝气除臭、气浮除藻、粉末活性炭吸附、生物预处理除氨氮、用氯、臭氧或高锰酸钾等进行化学氧化预处理等工艺。

(3) 强化混凝处理：当饮用水水源受到一定程度的污染时，在混凝处理中、投加新型混凝剂或助凝剂，加强混合和絮凝作用，以提高混凝沉淀工艺对污染物的去除效果。

(4) 特殊水处理：当地下水水源中铁、锰、氟、砷或含盐量超标时，采用专用的滤料或特殊工艺进行水质处理，使出水水质达到生活饮用水卫生标准的要求。

(5) 深度处理：当饮用水水源受到有机物氨氮或微量有毒有害物质等的污染又无适当的替代水源时，为达到饮用水水质标准的要求，在常规处理工艺的基础上，增设深度处理工艺，例如：活性炭吸附、臭氧氧化、生物活性碳和膜分离工艺等。

4.1.2 常用处理工艺流程

集中式给水工程应根据水源水质、设计规模、处理后水质要求，参照相似条件下已有水厂的运行经验，结合当地条件，通过技术经济比较确定适宜的水处理工艺流程。常用处理工艺流程如下：

(1) 水质良好的地下水，可只进行消毒处理。工艺流程如图 4-1、图 4-2 所示：

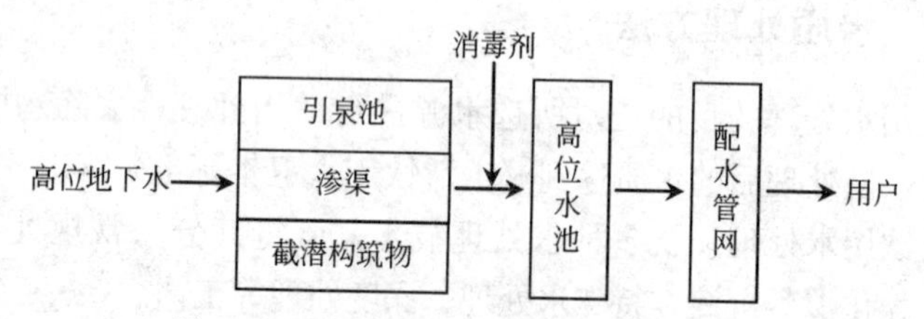

图 4-1 地下水处理工艺流程示意图(一)

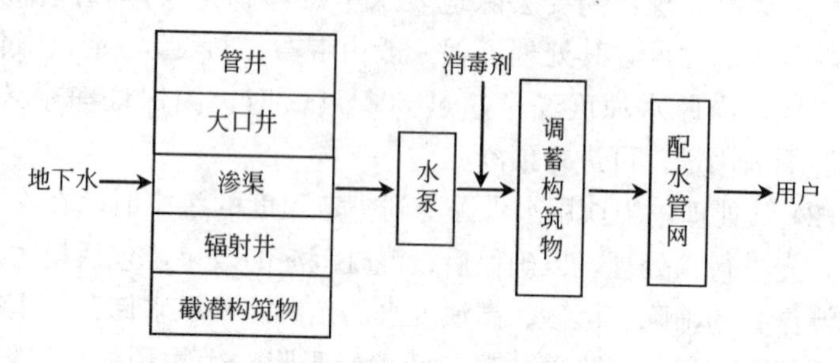

图 4-2 地下水处理工艺流程示意图(二)

(2) 原水浊度长期不超过 20NTU，瞬时不超过 60NTU，可采用慢滤或接触过滤工艺。如图 4-3、图 4-4 所示：

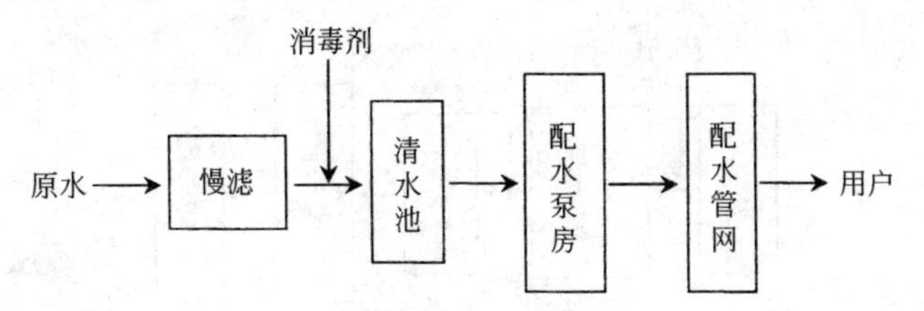

图 4-3 慢滤处理工艺流程示意图

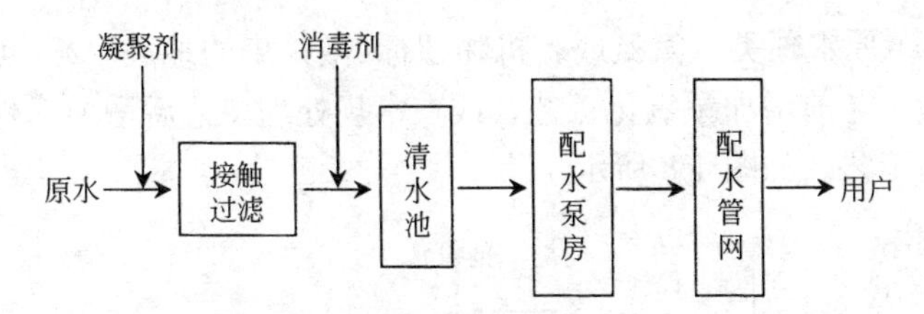

图 4-4 接触过滤处理工艺流程示意图

(3) 原水浊度超过 20NTU，但长期不超过 500NTU，瞬时不超过 1000NTU，可采用两级粗滤＋慢滤工艺或常规处理工艺。如图 4-5、图 4-6 所示：

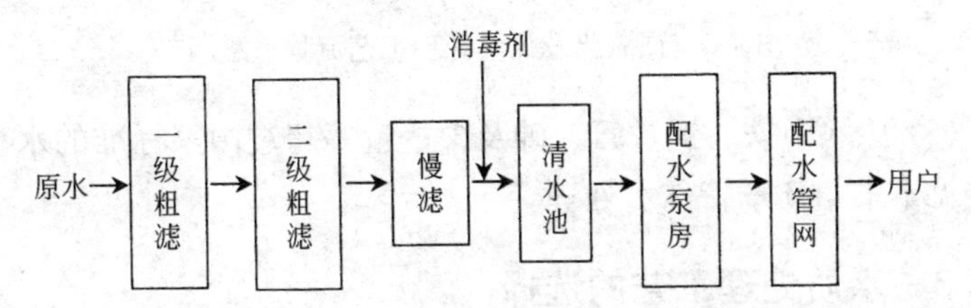

图 4-5 粗滤＋慢滤处理工艺流程示意图

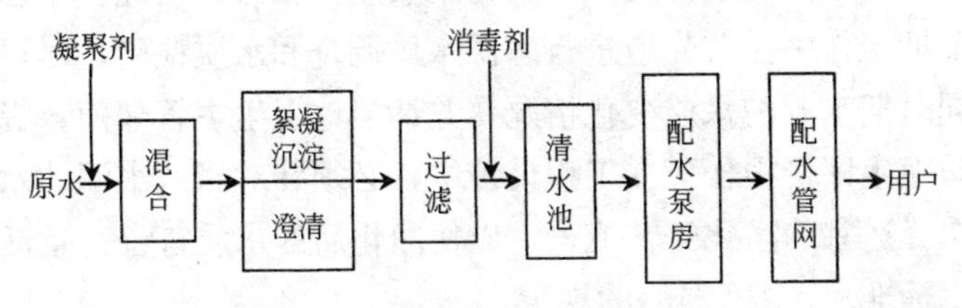

图 4-6 常规处理工艺流程示意图

(4) 原水含沙量变化较大或浊度经常超过500NTU时，可在常规处理工艺前采取预沉淀处理。如图4-7所示：

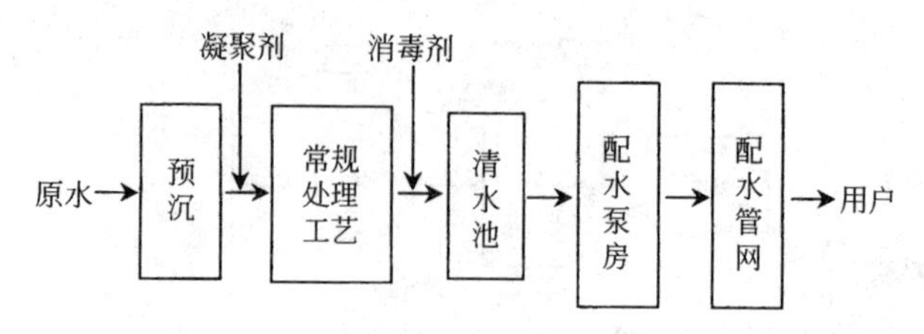

图4-7　预沉淀＋常规处理工艺流程示意图

(5) 原水藻类、氨氮或有机物超标(微污染的地表水)，可在常规处理工艺前增加预氧化工艺，或在常规处理工艺后增加活性炭深度处理工艺。如图4-8所示：

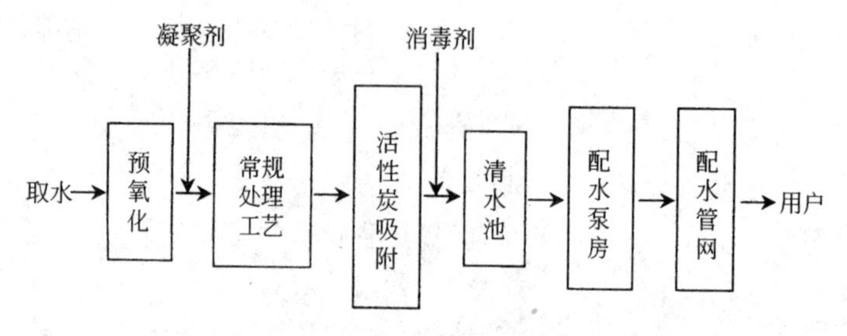

图4-8　预氧化及深度处理工艺流程示意图

(6) 原水中铁、锰、氟、砷及含盐量等超过国家标准的水质处理详见本书第6章特殊水处理。

4.1.3　水质处理工艺的选择

村镇给水工程水源类型不同，水质差异很大，因此在给水工程建设前期工作中，首先应进行水源水质调查和水质检验，尽可能掌握不同时期水源的水质变化情况，并请当地卫生主管部门，提出水源水质卫生评价报告。在工程设计中，必须针对当地水源的水质状况，选择适宜的净化工艺流程，以使净化后的水质符合《生活饮用水卫生标准》(GB 5749)的规定。

水质良好的地下水一般只需消毒即可饮用。对于铁、锰、氟、砷超标的地下水和苦咸水，则需采用相应的水处理工艺。

地表水源一般依原水浑浊度这一综合指标，选择净化工艺；受微污染的地表水，则需在常规净化工艺基础上，增加化学氧化预处理或生物预处理工艺，或者增加臭氧氧化、活性炭吸附等深度处理工艺。

同一原水，当采用不同的净化工艺，均可达到理想的净化效果时，应因地制宜地进行技术经济比较后，再确定适宜的净化工艺。如原水浊度长期不超过20NTU，瞬时不超过60NTU，采用慢滤或接触过滤工艺，均可达到预期的效果，选择时就应进行技术经济比较。慢滤净化工艺的优点是构造简单，水质好，不用投加凝聚剂，运转成本低，日常操作管理方便；缺点是效率低，占地大，需要定期人工刮砂、洗砂，劳动强度大。接触过滤净化工艺的优点是效率高，占地小，操作人员劳动强度小；缺点是需投加凝聚剂，操作管理相对复杂，要求操作人员具有一定的技术知识和运行经验，运转成本较高。设计时应认真地进行技术经济比较，因地制宜地进行选择。南方地区，有较大空地可利用的村庄，可选择慢滤工艺；用地紧张的村庄，则可考虑采用接触过滤工艺。北方地区，由于考虑冬天防冻问题，一般以选择接触过滤为宜。

4.2 取水构筑物

4.2.1 地下水取水构筑物

1. 地下水取水构筑物的种类

地下水取水构筑物一般分为水平和垂直的两种类型，有时两种类型也可结合使用。

（1）垂直取水构筑物：指管井、大口井等。

（2）水平取水构筑物：指渗渠、集水廊道等。

（3）混合取水构筑物：指辐射井、坎儿井和大口井与渗渠结合的取水构筑物。

2. 地下水取水构筑物的适用范围

地下水取水构筑物的适用条件详见表4-1。

地下水取水构筑物适用条件　　表 4-1

型式	尺寸	深度	适用条件				出水量
			地下水类型	地下水埋深	含水层厚度	水文地质特征	
管井	井径 50～1000mm，常用 200～600mm	井深 8～1000m，常用在 300m 以内	潜水、承压水、裂隙水、岩溶水	200m 以内，常用在 70m 以内	视透水性确定	适用于砂、砾石、卵石及含水黏性土、裂隙、岩溶含水层	一般 500～600m³/d
大口井	井径 2～12m，常用 4～8m	井深在 20m 以内，常用 6～15m	潜水、承压水	一般在 10m 以内	一般为 5～15m	砂、砾石、卵石，渗透系数最好在 20m/d 以上	一般 500～10000m³/d
辐射井	集水井直径 4～6m，辐射井直径 50～300mm，常用 75～150mm	集水井井深常用 3～12m	潜水	埋深 12m 以内，辐射管距含水层应大于 1m	一般大于 2m	细、中、粗砂、砾石，但不可含漂石，弱透水层	一般 5000～50000m³/d
渗渠	直径 450～1500mm，常用 600～1000mm	埋深 10m 以内，常用 4～6m	潜水	一般在 2m 以内，最大达 8m	一般在 2m 以上	中、粗砂、砾石、卵石	一般 5～20m³/d·m

正确选用取水构筑物类型，对提高出水量、改善水质和降低工程造价影响很大。因此，除按表 4-1 适用条件选用外，还应考虑设备材料供应情况、施工条件和工期长短等因素。

4.2.2 地表水取水构筑物

1. 地表水取水构筑物的种类

地表水取水构筑物一般分为固定式、活动式、低坝式和底栏栅式四种类型。其中固定式取水构筑物又包括岸边式、河床式、斗槽式，活动式取水构筑物包括浮船式、缆车式。

2. 地表水取水构筑物的适用条件

地表水取水构筑物的适用条件详见表 4-2。

地表水取水构筑物适用条件　表4-2

型式		特点	适用条件
固定式	岸边式	(1) 型式较多 (2) 水下工程量较大，结构复杂 (3) 造价高	(1) 河(库、湖等)岸坡较陡，稳定 (2) 工程地质条件良好 (3) 岸边有足够水深，水位变化幅度较小 (4) 水质较好
	河床式	(1) 型式较多 (2) 水下工程量较大，结构复杂 (3) 造价高	(1) 河(库、湖等)岸边平坦 (2) 枯水期水深不足或水质不好 (3) 中心有足够水深、水质较好 (4) 河床稳定
活动式	浮船式	(1) 水下工程量小，施工较固定式简单 (2) 船体构造简单 (3) 水位涨落变化较大时，管理复杂 (4) 怕冲撞、对风浪适应差	(1) 水位变化幅度大，但水位变化速度不大于2m/h，枯水期水深大于1m，且流水平稳，风浪较小 (2) 无冰凌、漂浮物少
	缆车式	(1) 水下工程量小，施工较固定式简单 (2) 比浮船式稳定，能适应较大风浪 (3) 管理复杂 (4) 只能取岸边表层水	(1) 水位变化幅度大，但水位变化速度不大于2m/h (2) 河床比较稳定，工程地质条件较好 (3) 无冰凌，漂浮物少
	潜水泵直接取水	(1) 水下工程量小，施工简单、方便 (2) 投资省 (3) 目前潜水泵型式较多，可根据安装条件适当选用	(1) 临时供水 (2) 漂浮物和泥砂含量较少 (3) 河床稳定
低坝式	固定低坝式	(1) 在河水中筑垂直于河床的固定式堤坝，以提高水位，在坝上游岸边设置进水闸或取水泵房 (2) 常发生坝前泥砂淤积	(1) 适用于枯水期流量特别小 (2) 水浅、不通航不放筏 (3) 推流质不多的小型山溪河流
	活动低坝式	(1) 水力自动翻板闸低坝或橡胶低坝 (2) 大大减少了坝前泥砂淤积，取水安全可靠	(1) 适用于枯水期流量特别小 (2) 水浅、不通航不放筏 (3) 推流质不多的小型山溪河流
底栏栅式		(1) 利用带栏栅的引水廊道垂直于河流取水 (2) 常发生坝前泥砂淤积，格栅堵塞	(1) 适用于河床较窄，水深较浅，河底纵向坡较大，大颗粒推移质特别多的山溪河流 (2) 要求截取河床上径流水及河床下潜流水之全部或大部分的流量

地表水取水构筑物的型式应根据设计取水量、水质要求、水源特点、地形、地质、施工、运行管理等条件，通过技术经济比较后确定。

4.2.3 取水构筑物整治内容及方法

目前我国农村部分集中式给水工程取水构筑物仍存在着型式不甚合理，设备、设施老化、陈旧等问题，需要进行整治。

取水构筑物整治的主要内容及方法见表 4-3。

取水构筑物整治主要内容及方法 **表 4-3**

整治内容	整治方法
取水构筑物选择	(1) 结合当地具体情况，从水源条件、位置等方面对原有取水构筑物进行评估 (2) 根据评估结果选择取水构筑物类型
取水构筑物设备、设施	对取水构筑物中老化、陈旧的设备、设施等进行修理或更换

4.3 水处理构筑物和设施

集中式给水工程应根据水源水质、设计规模、处理后水质要求，参照相似条件下已有水厂的运行经验，结合当地条件，通过技术经济比较确定水处理构筑物和设施。

4.3.1 预处理

给水-1 预沉

适用地区：

原水浊度较高的地区，如西北黄河地区。

定义和目的：

在常规处理工艺前增设的沉淀设施，以去除原水中的泥沙、漂浮物、冰屑等较大粒径的杂质，同时兼有改善水质和调蓄水量功能。

技术特点与适用情况：

预沉通常采用不加注混凝剂的自然沉淀池。原水浊度超过500NTU（瞬时超过 5000NTU）或供水保证率较低时，可将河水引入天然池塘式人工水池，进行自然沉淀并兼作蓄水池。当原水浊度瞬时超过 10000NTU 时，会导致常规的净水构筑物无法正常运行，因此必须在常规净水构筑物前增设自然沉淀池进行预沉。

技术的局限性：

一般仅作为预处理，不作为单独处理工艺。

标准与做法：

(1) 自然沉淀池的沉淀时间宜为 8～12h。

(2) 自然沉淀池的有效水深宜为 1.5～3.0m，超高为 0.3m，并根据清泥方式确定积泥高度，一般不宜小于 0.3m。

(3) 自然沉淀池宜分成 2 格并设跨越管。

(4) 天然预沉池内一般不设排泥设施，主要依靠人工清掏。

(5) 人工预沉池宜设溢流管和排泥管，并尽量采用重力排泥。

(6) 人工预沉池可采用钢筋混凝土、砖或块石建造。人工预沉池构造如图 4-9 所示：

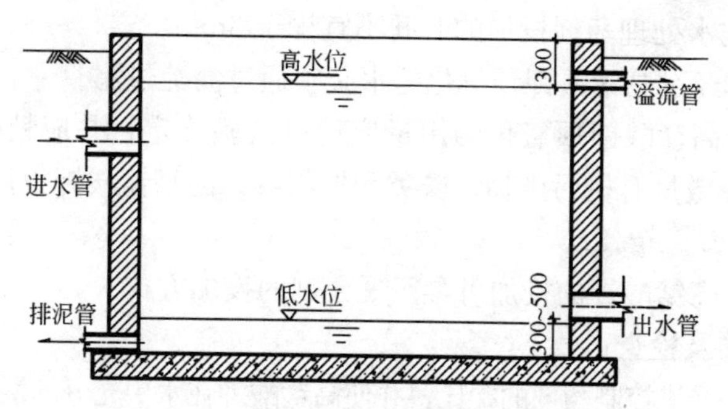

图 4-9 人工预沉池构造示意图

维护及检查：

(1) 根据预沉池的容积及沉淀情况，定期清掏积泥，以保证预沉池有效容积和沉淀效果。挖泥频率宜为每 1～3 年挖泥一次。

(2) 高寒地区在冰冻期间应根据当地的具体情况控制水位和采取防凌措施。

造价指标：

建造预沉池的材料多样，因此造价差异较大，一般吨水投资在30～300元。

给水-2 高锰酸钾预氧化

适用地区：

适用于全国农村水厂。

定义和目的：

在混凝工序前，投加高锰酸钾氧化剂，去除水中藻类微量有机污染物和嗅、味的净水工序。

技术特点与适用情况：

原水中季节性藻类含量较高或被微量有机物污染、具有异嗅异味时，可投加高锰酸钾进行预氧化。

技术的局限性：

一般仅作为预处理，不作为单独处理工艺。

标准与做法：

(1) 高锰酸钾宜在水厂取水口投加；如在水处理流程中投加，先于其他水处理药剂投加的时间不宜少于3min。

(2) 经过高锰酸钾预氧化的水必须通过滤池过滤。

(3) 高锰酸钾预氧化的用量应通过试验确定，并应精确控制，用于去除微量有机污染物、藻类和控制嗅味的高锰酸钾投加量宜采用0.5～2.5mg/L。

(4) 高锰酸钾的投加可参照凝聚剂的投加方式。

维护及检查：

(1) 严格控制药剂的配比，并使高锰酸钾在水中充分的混合溶解。

(2) 采用各种形式的投加方式，均应配有计量器具。计量器具每年按检定周期要求进行检定。

给水-3 粉末活性炭预处理

适用地区：

适用于全国农村水厂。

定义和目的：

在混凝工序前，投加粉末活性炭，用以吸附溶解性有害物质和改善嗅、味的净水工序。

技术特点与适用情况：

原水在短时间内微量有机物污染较严重、具有异嗅异味时，可采用粉末活性炭吸附作为应急处理。

技术的局限性：

粉末活性炭一般用于预处理或深度处理，不作为单独处理工艺。

标准与做法：

（1）粉末活性炭投加宜根据水处理工艺流程综合考虑确定。一般投加于原水中，经过与原水充分混合、接触后，再投加混凝剂或助凝剂。

（2）粉末活性炭的用量根据试验确定，宜采用 5～30mg/L。

（3）炭浆浓度宜采用 5%～10%(按重量计)。

（4）粉末活性炭的贮藏、输送和投加车间，应有防尘、集尘和防火设施。

（5）粉末活性炭的投加宜采用湿投，重力或压力加注。压力加注时需采用耐磨损、不易堵塞的加注泵。

（6）水厂常年需投加粉末活性炭时，为减小劳动强度和保护环境卫生，宜采用有吸尘装置和回收炭粉的投加系统；水厂短时、应急投加时可采用如图 4-10 所示的投加系统。

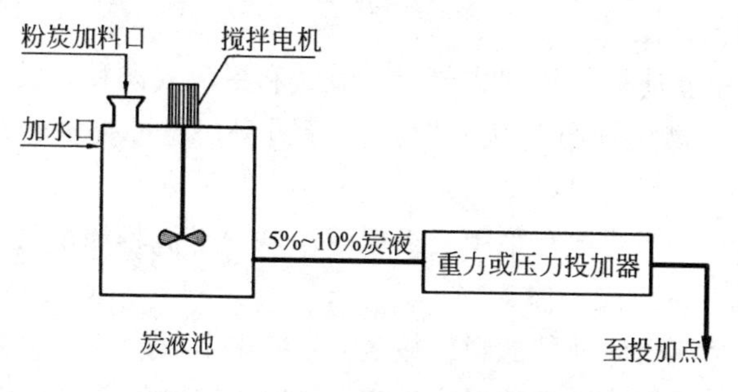

图 4-10　粉末活性炭投加示意图

维护及检查：

（1）严格控制粉末活性炭的投加量，投加量过多时易增加滤池负担并可能造成穿透滤池。

（2）粉末活性炭长期存放，效率会下降，购入炭后要做好标识，先到先用。

（3）人工拆包投加粉末活性炭时，要尽量减少粉末飞扬，保证安全和环境卫生。

4.3.2 粗滤池和慢滤池

给水-4 粗滤池

适用地区：

适用于全国农村水厂。

定义和目的：

粗滤池是一种滤料粒径（一般在8～64mm）较大的滤池型式，当原水浊度超过慢滤池进水浊度要求时，可采用粗滤池进行预处理。

技术特点与适用情况：

粗滤与慢滤组合用于原水浊度低于500NTU，瞬时不超过1000NTU的地表水处理。

技术的局限性：

一般仅作为慢滤池进水前的预处理，不作为单独处理工艺。

标准与做法：

（1）粗滤池构筑物型式包括竖流式和平流式两种，其选择应根据净水构筑物高程布置和地形条件等因素，通过技术经济比较后确定。

（2）竖流粗滤池宜采用二级粗滤串联，平流粗滤池宜由三个相连通的砾石室组成一体。

（3）竖流粗滤池的滤料应按表4-4的规定取值。

（4）平流粗滤池的滤料应按表4-5的规定取值。

竖流粗滤池滤料组成　　表 4-4

砾(卵)石粒径(mm)	厚度(mm)
8～16	300～400
16～32	450～500
32～64	500～600

注：应按顺水流方向，粒径由大至小设置。

平流粗滤池滤料的组成与池长　　表 4-5

砾(卵)石室	粒径(mm)	池长(mm)
Ⅰ	32～64	2000
Ⅱ	16～32	1000
Ⅲ	8～16	1000

注：应按顺水流方向，粒径由大至小设置。

(5) 粗滤池滤速宜为 0.3～1.0m/h。

(6) 竖流粗滤池滤层表面以上的水深宜为 0.2～0.3m，超高为 0.3m。

(7) 上向流竖流粗滤池底部设有配水室、排水管，闸阀宜采用快开阀。

(8) 粗滤池可采用钢筋混凝土、砖或块石等材料建造。粗滤池构造如图 4-11 所示：

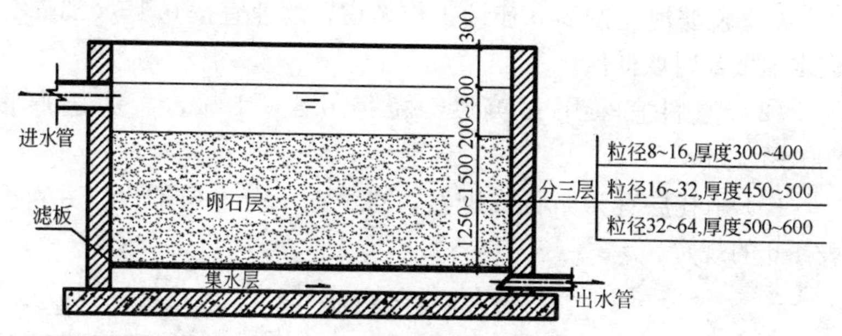

图 4-11　粗滤池结构示意图

维护及检查：

粗滤池运行较长时间后，若滤料堵塞严重，应采用人工方法进行更换或清洗。

造价指标：

建造粗滤池的材料多样，因此造价差异较大，一般吨水投资在 30～300 元。

给水-5　慢滤池

适用地区：

适用于全国农村水厂。

定义和目的：

滤速为0.1～0.3m/h，采用石英砂滤料，不设冲洗设施，截流物通过刮砂去除的滤池。

技术特点与适用情况：

慢滤池宜用于原水浊度常年低于20NTU、瞬时不超过60NTU的地表水处理。具有如下特点：

（1）构造简单，便于就地取材，容易建设。

（2）水处理过程中无需投药，管理要求低。

（3）滤料表面形成生物滤膜截流细菌能力强，出水水质好。

（4）造价及运行成本低，适用于小型的农村供水工程。

技术的局限性：

滤速低，产水量小，占地面积大，刮砂、洗砂工作量大。

标准与做法：

（1）慢滤池应按24h连续工作考虑，滤速宜按0.1～0.3m/h，进水浊度高时取低值。

（2）滤料宜采用石英砂，粒径0.3～1.0mm，滤层厚度800～1200mm。

（3）承托层宜为卵石或砾石，自上而下分5层铺设，并符合表4-6的规定。

慢滤池承托层组成 **表4-6**

粒径(mm)	厚度(mm)	粒径(mm)	厚度(mm)
1～2	50	8～16	100
2～4	100	16～32	100
4～8	100		

（4）滤料表面以上水深宜为1.2～1.5m；池顶应高出水面0.3m，高出地面0.5m。

（5）慢滤池面积小于15m² 时，可采用底沟集水，集水坡度为1%；当滤池面积较大时，可设置穿孔集水管，管内流速宜采用0.3～0.5m/s。

（6）出口应有控制滤速的措施，宜设可调堰或在出水管上设控制阀和转子流量计。

(7) 有效水深以上应设溢流管，池底应设放空管。

(8) 慢滤池应分格，格数不少于 2 个。

(9) 北方地区应采取防冻和防风沙措施，南方地区应采取防晒措施。

(10) 慢滤池可采用钢筋混凝土、砖或块石等材料建造。慢滤池结构如图 4-12 所示：

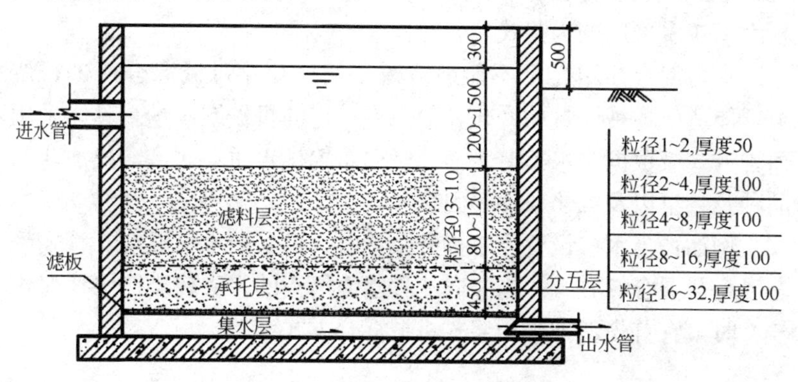

图 4-12　慢滤池结构示意图

维护及检查：

(1) 滤池运行一段时间后，若滤料堵塞严重，应采用人工方法进行清洗。

(2) 当滤料清洗若干次后，仍然堵塞严重，应进行刮砂清洗，刮砂厚度 30～40mm，刮出的砂运至洗砂池以备集中清洗。

(3) 滤池经多次刮砂，滤层厚度逐渐减薄，当滤层厚度减小到 400mm 时，一般经过 3～5 年的运行，应将慢滤池进行大清洗。此时将滤池内的全部滤料挖出与以前刮出滤料一起清洗后，再重新铺入滤池。

(4) 慢滤池滤料也可在每次刮砂后，将刮出的砂清洗干净后回填，或另外回填干净的细砂。

造价指标：

建造慢滤池的材料多样，因此造价差异较大，一般吨水投资在 30～300 元。

4.3.3 混合

混合是将凝聚剂充分、均匀地扩散于水体的过程，对于取得良好的絮凝效果具有重要作用。

混合方式基本分为两大类：水力混合和机械混合。水力混合有多种形式，目前农村水厂较常采用的有水泵混合、管式静态混合器混合等。机械混合也有多种形式，如桨式、推进式、涡流式等，农村水厂较多采用的为桨式。

水力混合简单，但不能适应流量的变化；机械混合可进行调节，能适应各种流量的变化，但需要一定的机械维修量。具体采用何种方式应根据净水工艺平面及竖向布置、水质、水量、投加药剂品种及数量以及维修条件等因素确定。

例如：当水厂设置原水提升泵站时，可采用水泵混合、管式静态混合器混合等方式；当竖向流程水力衔接的水头较小、水量变化较大时，宜首先考虑采用桨式机械混合方式。

给水-6 水泵混合

适用地区：

适用于全国农村水厂。

定义和目的：

将药剂溶液投加在水泵吸水管中，通过水泵叶轮的高速转动以达到混合目的的过程。

技术特点与适用情况：

水泵混合具有设备简单、混合充分、效果较好的优点，不另外消耗动能，适用于原水提升泵房距离净水构筑物较近的水厂。

技术的局限性：

吸水管较多时，投药设备要增加，安装管理较麻烦，配合加药自动控制较麻烦。

标准与做法：

(1) 药管应装在水泵吸水口前0.3～0.5m处。

(2) 投加点至净水构筑物的距离不宜超过120m，混合后的原水在管(渠)内的停留时间不宜超过 120s。水泵混合如图 4-13 所示：

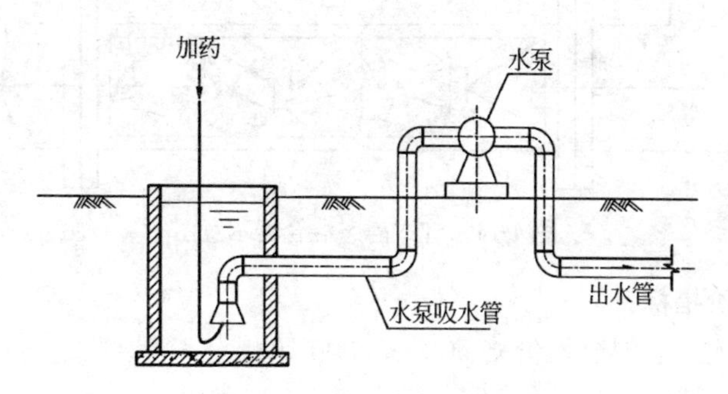

图 4-13 水泵混合示意图

维护及检查：

定期检查加药管，加药管全线不得漏气。

给水-7 管式静态混合器

适用地区：

适用于全国农村水厂。

定义和目的：

管式静态混合器是在管道内设置多节固定叶片，使水流成对分流，同时产生涡旋反向旋转及交叉流动，从而获得混合效果。

技术特点与适用情况：

管式静态混合器设备简单，维护管理方便，不需要土建构筑物，在设计流量范围，混合效果较好，因此适用于水量变化不大的各种规模的水厂。

技术的局限性：

水量变化影响混合效果，水头损失较大，混合器构造较复杂。

标准与做法：

(1) 投加点至净水构筑物的距离不宜超过 120m，混合后的原水在管(渠)内的停留时间不宜超过 120s。

(2) 管式静态混合器规格一般为 $\phi150\sim\phi1200$mm。管式静态混合器如图 4-14 所示：

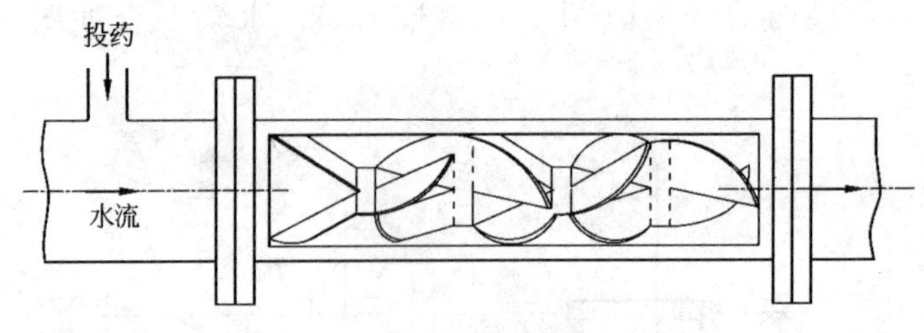

图 4-14 管式静态混合器示意图

造价指标：

管式静态混合器价格 500～50000 元/台。

给水-8 机械混合

适用地区：

适用于全国农村水厂。

定义和目的：

通过机械提供能量，改变水体流态以达到混合目的的过程。

技术特点与适用情况：

机械混合效果较好，设备简单，水头损失较小，混合效果基本不受水量变化影响，适用于各种规模的水厂。

技术的局限性：

机械混合需消耗动能，管理维护较复杂，规模较大的水厂需建混合池。

标准与做法：

(1) 混合时间宜为 10～60s，最大不超过 2min。

(2) 投加点至净水构筑物的距离不宜超过 120m，混合后的原水在管(渠)内的停留时间不宜超过 120s。桨式机械混合如图 4-15 所示：

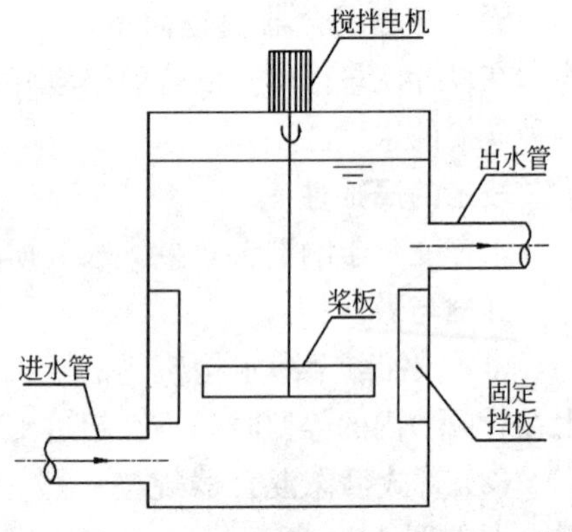

图 4-15 桨式机械混合示意图

维护及检查：

定期检查机电设备和搅

拌浆片有无损坏，如有损坏应及时修理或更换。

4.3.4　絮凝

投加凝聚剂并经充分混合后的原水，在水流作用下使微絮粒相互碰撞，以形成更大的絮粒的过程称作絮凝。完成絮凝过程的构筑物为絮凝池，习惯上也称作反应池。

絮凝池型式的选择，应根据净水工艺平面及竖向布置、水质、水量、沉淀池型式以及维修条件等因素确定。农村水厂使用较多的有穿孔旋流絮凝池，网格(栅条)絮凝池折板絮凝池及机械絮凝池等。

给水-9　穿孔旋流絮凝池

适用地区：

适用于全国农村水厂。

定义和目的：

水体以一定流速在交错布置的多格孔洞间通过而完成絮凝过程的构筑物。

技术特点与适用情况：

絮凝时间短，絮凝效果较好，构造简单。适用于水量变化不大的水厂。

技术的局限性：

水量变化影响絮凝效果。

标准与做法：

穿孔旋流絮凝池宜符合下列要求：

(1) 絮凝时间宜为 15～25min。

(2) 絮凝池孔口流速，应按由大渐小的变速设计，起始流速宜为 1.0～0.6m/s，末端流速宜为 0.3～0.2m/s。

(3) 每格孔口应作上下对角交叉布置。

(4) 每组絮凝池分格数宜为 6～12 格。

(5) 应尽量与沉淀池合建，避免用管渠连接。如确需用管渠连接时，管渠中的流速应小于 0.15m/s，并避免流速突然升高或水头跌落。

（6）为避免已形成絮体的破碎，絮凝池出水穿孔墙的过孔流速宜小于 0.1m/s。

（7）应避免絮体在絮凝池中沉淀。如难以避免，应采取相应的排泥措施。

（8）穿孔旋流絮凝池一般为钢筋混凝土结构。穿孔旋流絮凝池与斜管沉淀池合建如图 4-16 所示：

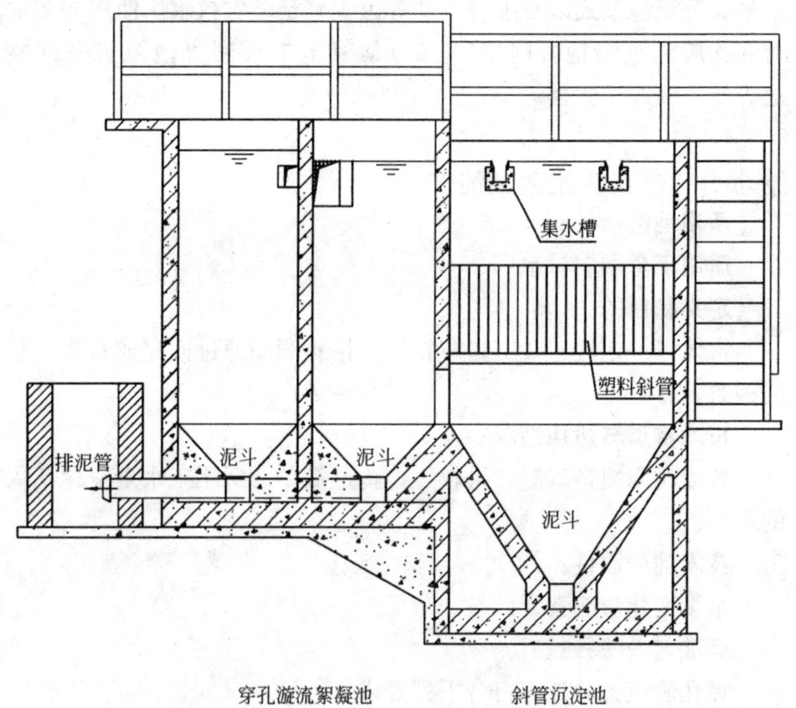

图 4-16 穿孔旋流絮凝池示意图

维护及检查：

（1）应经常观测絮凝池的絮体颗粒大小和密实程度，及时调整加药量和混合设备，以保证絮凝池出水中的絮体颗粒大、密实、均匀、与水分离度大。

（2）应及时排泥，经常检查排泥设备，保持排泥管路畅通。

造价指标：

一般吨水投资在300～500元。

给水-10 网格(栅条)絮凝池

适用地区：

适用于全国农村水厂。

定义和目的：

水体以一定流速在网格或栅条间通过而完成絮凝过程的构筑物。

技术特点与适用情况：

絮凝时间短，絮凝效果较好，构造简单。适用于水量变化不大的水厂。

技术的局限性：

水量变化影响絮凝效果。

标准与做法：

网格或栅条絮凝池宜符合下列要求：

(1) 絮凝池宜设计成多格竖流式。

(2) 絮凝时间宜为12～20min。

(3) 前段网格或栅条总数宜为16层以上，中段在8层以上，上下层间距为60～70cm，末段可不放。

(4) 絮凝池单格竖向流速，过栅(过网)和过孔流速应逐段递减，分段数宜分为三段，流速分别为：

单格竖向流速：前段和中段0.14～0.12m/s，末段0.14～0.10m/s；

网孔或栅孔流速：前段0.30～0.25m/s，中段0.25～0.22m/s，末段可不设网格或栅条；

各格间的过水孔洞流速：前段0.3～0.2m/s，中段0.2～0.15m/s，末段0.14～0.1m/s。

(5) 絮凝池应尽量与沉淀池合并建造，避免用管渠连接。如确需用管渠连接时，管渠中的流速应小于0.15m/s，并避免流速突然升高或水头跌落。

(6) 为避免已形成絮体的破碎，絮凝池出水穿孔墙的过孔流速宜小于 0.1m/s。

(7) 絮凝池应有排泥设施。

(8) 网格或栅条絮凝池一般为钢筋混凝土结构。网格絮凝池与斜管沉淀池合建如图 4-17 所示：

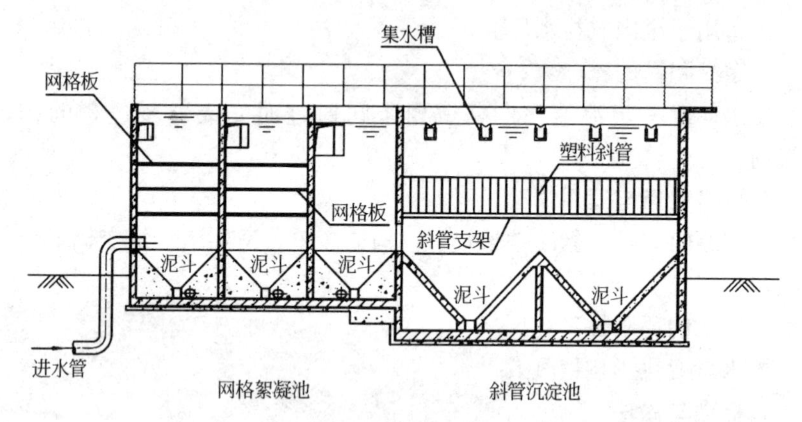

图 4-17 网格絮凝池示意图

维护及检查：

(1) 应经常观测絮凝池的絮体颗粒大小和密实程度，及时调整加药量和混合设备，以保证絮凝池出水中的絮体颗粒大、密实、均匀、与水分离度大。

(2) 应及时排泥，经常检查排泥设备，保持排泥管路畅通。

造价指标：

一般吨水投资在 300～500 元。

给水-11 折板絮凝池

适用地区：

适用于全国农村水厂。

定义和目的：

水体以一定流速在折板之间通过而完成絮凝过程的构筑物。

技术特点与适用情况：

絮凝时间较短，絮凝效果好，适用于水量变化不大的水厂。

技术的局限性：

构造较复杂，水量变化影响絮凝效果。

标准与做法：

折板絮凝池宜符合下列要求：

(1) 絮凝时间宜为12～20min。

(2) 絮凝过程中的速度应逐段降低，分段数一般不宜少于三段，各段的流速分别为：第一段：0.35～0.25m/s；第二段：0.25～0.15m/s；第三段：0.15～0.10m/s。

(3) 折板按竖流设计，可采用平行折板布置，也可采用相对折板布置。

(4) 应尽量与沉淀池合建，避免用管渠连接。如确需用管渠连接时，管渠中的流速应小于0.15m/s，并避免流速突然升高或水头跌落。

(5) 为避免已形成絮体的破碎，絮凝池出水穿孔墙的过孔流速宜小于0.1m/s。

(6) 应避免絮体在絮凝池中沉淀。如难以避免，应采取相应的排泥措施。

(7) 折板絮凝池一般为钢筋混凝土结构。折板絮凝池如图4-18所示：

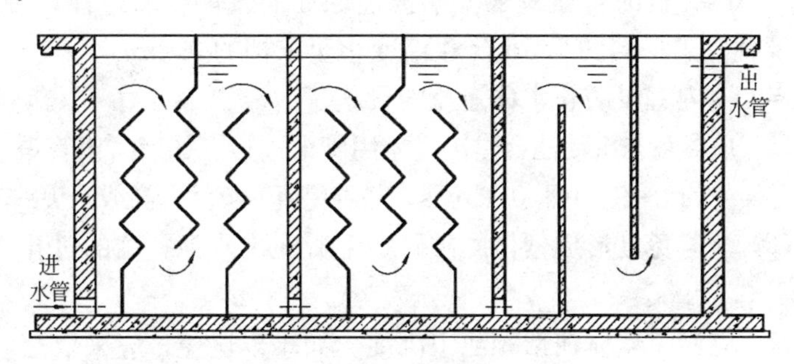

图4-18　折板絮凝池示意图

维护及检查：

(1) 应经常观测絮凝池的絮体颗粒大小和密实程度，及时调整加药量和混合设备，以保证絮凝池出水中的絮体颗粒大、密实、均匀、与水分离度大。

（2）应及时排泥，经常检查排泥设备，保持排泥管路畅通。

造价指标：

一般吨水投资在300～500元。

给水-12 机械絮凝池

适用地区：

适用于全国农村水厂。

定义和目的：

通过机械装置使水体搅动而完成絮凝过程的构筑物。

技术特点与适用情况：

絮凝效果好，水头损失较小，适应水质、水量的变化。适用于各种规模及水量变化较大的水厂。

技术的局限性：

机械设备需经常维修。

标准与做法：

机械絮凝池宜符合下列要求：

（1）絮凝时间宜为15～20min。

（2）池内宜设2～3挡搅拌机。

（3）搅拌机的转速应根据浆板边缘处的线速度通过计算确定，线速度宜自第一档的0.5m/s逐渐变小至末档的0.2m/s。

（4）池内宜设防止水体短流的设施。

（5）应尽量与沉淀池合建，避免用管渠连接。如确需用管渠连接时，管渠中的流速应小于0.15m/s，并避免流速突然升高或水头跌落。

（6）为避免已形成絮体的破碎，絮凝池出水穿孔墙的过孔流速宜小于0.1m/s。

（7）应避免絮体在絮凝池中沉淀。如难以避免，应采取相应的排泥措施。

（8）机械絮凝池一般为钢筋混凝土结构。机械絮凝池如图4-19所示。

维护及检查：

（1）应经常观测絮凝池的絮体颗粒大小和密实程度，及时调整

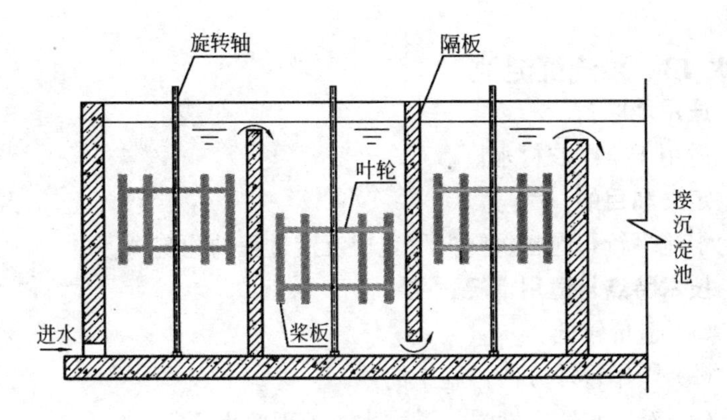

图 4-19 机械絮凝池示意图

加药量和混合设备，以保证絮凝池出水中的絮体颗粒大、密实、均匀、与水分离度大。

(2) 应及时排泥，经常检查排泥设备，保持排泥管路畅通。

造价指标：

一般吨水投资在 300～500 元。

4.3.5 沉淀

投加凝聚剂并经充分混合和絮凝后，水中形成的絮粒在重力的作用下从水中分离出来的过程称作沉淀。完成沉淀过程的构筑物为沉淀池。

沉淀池按其构造的不同可以布置成多种形式。

按沉淀池水流方向可分为竖流式、平流式和辐流式。由于竖流式沉淀池表面负荷小，处理效果差，基本上已不被采用。

按沉淀距离不同，沉淀池可分为一般沉淀和浅层沉淀。斜管和斜板沉淀池为典型的浅层沉淀。

选择沉淀池池型时需要考虑的主要因素主要有：水量规模、进水水质条件、高程布置的影响、气候条件、经常运行费用、占地面积以及地形、地质条件及运行经验等，具体设计时应进行综合分析，通过技术经济比较确定。目前农村水厂较为常用的沉淀池主要有平流沉淀池和斜管沉淀池。

给水-13 平流沉淀池

适用地区：

适用于全国农村水厂。

定义和目的：

水流平行，颗粒沉降向下完成沉淀过程的构筑物。

技术特点与适用情况：

(1) 造价较低。

(2) 操作管理方便，施工简单。

(3) 对原水适应性强，潜力大，处理效果稳定。

(4) 带有机械排泥设备时，排泥效果好。

(5) 可用于各种规模水厂，一般用于大、中型水厂。

技术的局限性：

(1) 占地面积较大。

(2) 不采用机械排泥装置时，排泥较困难。

(3) 需维护机械排泥设备。

标准与做法：

平流沉淀池构造简单，为一长方形的水池，一般与絮凝池合建。平流沉淀池的设计应使进、出水均匀，池内水流稳定，提高水池的有效容积，同时减少紊动影响，以有利于提高沉淀效率。平流沉淀池沉淀效果，除受絮凝效果的影响外，与池中水平流速、沉淀时间、颗粒沉降速度、进出口布置形式及排泥效果等因素有关，其主要设计参数为水平流速、沉淀时间、池深、池宽、长宽比、长深比等。

(1) 池数一般不少于 2 个，沉淀时间一般为 1.0～3.0h。

(2) 沉淀池内平均水平流速一般为 10～25mm/s。

(3) 有效水深一般为 3.0～3.5m，超高一般为 0.3～0.5m。

(4) 池的长宽比应不小于 4∶1，池的长深比应不小于 10∶1。

(5) 农村水厂主要采用人工排泥，可根据原水悬浮物含量采用单斗或多斗排泥。

(6) 泄空时间一般超过 6h。

(7) 平流沉淀池一般为钢筋混凝土结构。平流沉淀池如图 4-20 所示：

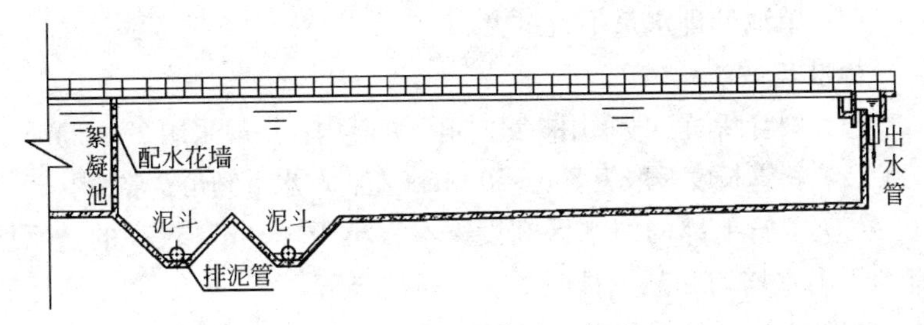

图 4-20 平流沉淀池示意图

维护及检查：

(1) 平流沉淀池应做好排泥工作，排泥时间宜根据排泥形式和具体情况确定。

(2) 平流沉淀池的停止和启用操作应注意保持滤池进水浊度的稳定。

造价指标：

一般吨水投资在 300～500 元。

给水-14 斜管沉淀池

适用地区：

适用于全国农村水厂。

定义和目的：

斜管沉淀池是一种在沉淀池内装置许多直径较小的平行倾斜管的沉淀池。

技术特点与适用情况：

特点是沉淀效率高、池子容积小和占地面积少。

技术的局限性：

斜管沉淀池因沉淀时间短，故在运转中遇到水量、水质变化时，应加强注意加强管理。采用此类沉淀池时，还应注意絮凝的完善和排泥布置的合理等。

(1) 斜管耗用较多材料，老化后尚需更换。

(2) 对原水适应性较平流池差。

(3) 不设机械排泥装置时，排泥较困难；设机械排泥时，维护管理较平流池麻烦。

(4) 单池处理水量不宜过大。

标准与做法：

(1) 斜管断面一般采用蜂窝六角形，其内径一般采用25～35mm。

(2) 斜管长度一般为800～1000mm左右，水平倾角θ常采用60°。

(3) 斜管上部的清水区高度，不宜小于1.0m，较高的清水区有助于出水均匀和减少日照影响及藻类繁殖。

(4) 斜管下部的布水区高度，不宜小于1.5m。为使布水均匀，在沉淀池进口处应设穿孔墙或格栅等整流措置。

(5) 积泥区高度应根据沉泥量、沉泥浓缩程度和排泥方式等确定。排泥设备同平流沉淀池，可采用穿孔排泥或机械排泥等。

(6) 斜管沉淀池的出水系统应使池子的出水均匀，可采用穿孔管或穿孔集水槽等集水。

(7) 斜管沉淀池一般为钢筋混凝土结构。斜管沉淀池如图4-21所示：

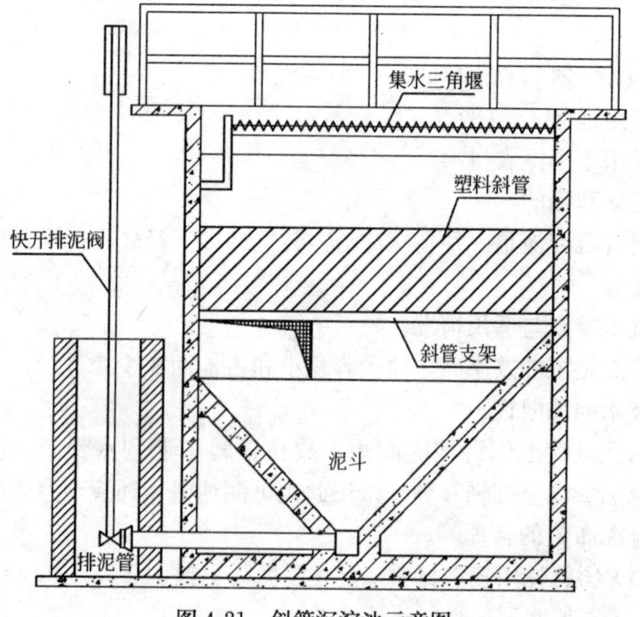

图4-21 斜管沉淀池示意图

维护及检查：

(1) 每天定时巡视，观察斜管沉淀池运行状况。

(2) 斜管沉淀池不应在不排泥或超负荷情况下运行。

(3) 启用斜管时，初始的上升流速应缓慢，防止斜管漂起。

(4) 斜管沉淀池采用穿孔管式的排泥装置时，应保持快开阀的完好、灵活以及排泥管道的通畅，排泥频率应每 8h 不少于一次。

(5) 斜管表面及斜管管内沉积产生的絮体泥渣应定期进行冲洗。

造价指标：

一般吨水投资在 500～800 元。

4.3.6 澄清

澄清池是利用池中积聚的泥渣与原水中的杂质颗粒相互接触、吸附，以达到清水较快分离的净水构筑物。

澄清池按泥渣的情况，一般分为泥渣循环和泥渣悬浮等形式。主要有机械澄清池、水力循环澄清池、脉冲澄清池、悬浮澄清池等。

澄清池型式的选择，主要应根据原水水质、出水要求、生产规模以及水厂布置等条件，进行技术经济比较后确定。目前较为常用的主要是机械搅拌澄清池。各种澄清池的优缺点和适用条件见表 4-7。

不同型式澄清池比较 **表 4-7**

方式	优点	缺点	适用条件
机械搅拌澄清池	(1) 处理效率高，单位面积产水量较大 (2) 适应性较强，处理效果稳定	(1) 需要机械搅拌设备 (2) 维修较麻烦	一般为圆形池子，适用于大、中型水厂
水力循环澄清池	(1) 无机械搅拌设备 (2) 构造较简单	(1) 投药量较大 (2) 要消耗较大的水头 (3) 对水质、水温变化适应性较差	一般为圆形池子，适用于中、小型水厂

续表

方式	优 点	缺 点	适用条件
脉冲澄清池	(1) 虹吸式机械设备较为简单 (2) 混合充分，布水较均匀	(1) 虹吸式水头损失较大，脉冲周期较难控制 (2) 操作管理要求较高，排泥不好影响处理效果 (3) 对水质、水温变化适应性较差	可建成圆形或方形池子，适用于大、中、小型水厂
悬浮澄清池	(1) 构造较简单 (2) 型式较多	(1) 需设气水分离器 (2) 对进水量、水温等因素敏感，处理效果不如机械搅拌澄清池稳定	一般流量变化每小时不大于10%，水温变化每小时不大于1℃

给水-15 机械搅拌澄清池

适用地区：

适用于全国农村水厂。

定义和目的：

利用机械的提升和搅拌作用，促使泥渣循环，并使原水中悬浮颗粒与已形成的悬浮泥渣层接触絮凝和分离沉淀的构筑物。

技术特点与适用情况：

(1) 处理效率高，单位面积产水量较大。

(2) 适应性较强，处理效果稳定。

(3) 一般为圆形池子，适用于大、中型水厂。

技术的局限性：

(1) 需要机械搅拌设备，消耗能量。

(2) 维修较麻烦。

标准与做法：

机械搅拌澄清池属泥渣循环型澄清池，其特点是利用机械搅拌的提升作用来完成泥渣回流和接触反应。加药混合后的原水进入第一反应室，与几倍于原水的循环泥渣在叶片的搅动下进行接触反应，然后经叶轮提升至第二反应室继续反应，以结成较大的絮粒，在通过导流室进入分离室进行沉淀分离。

(1) 第二反应室计算流量(考虑回流因素在内)一般为出水量的

3～5 倍。

(2) 清水区上升流速一般采用 0.8～1.1mm/s。

(3) 水在池中的总停留时间一般为 1.2～1.5h；第一反应室和第二反应室的停留时间一般控制在 20～30min。

(4) 为使进水分配均匀，可采用三角配水槽缝隙或孔口出流以及穿孔管配水等；为防止堵塞，也可以采用底部进水方式。

(5) 加药点一般设于池外，在池外完成快速混合。第一反应室可设辅助加药管以备投加助凝剂。投加石灰时，投加点应在第一反应室，以防止堵塞进水管道。

(6) 第二反应室应设导流板，其宽度一般为其直径的 1/10 左右。

(7) 清水区高度为 1.5～2.0m。

(8) 底部锥体坡度一般在 45° 左右。当有刮泥设备时亦可做成平底。

(9) 集水方式可选用淹没孔集水槽或三角堰集水槽，过孔流速为 0.6m/s 左右。池径较小时，采用环形集水槽；池径较大时，采用辐射集水槽及环形集水槽。集水槽中流速 0.4～0.6m/s，出水管流速为 1.0m/s 左右。

考虑水池超负荷运行或留有加装斜板(管)的可能，集水槽和进水管的校核流量宜适当增大。

(10) 池径小于 24m 时，可采用污泥浓缩斗排泥和底补排泥相结合的形式。根据池子大小设置 1～3 个污泥斗，污泥斗的容积一般约为池容积的 1%～4%，小型水池也可只用底部排泥。池径大于 24m 时应设机械排泥装置。

(11) 污泥斗和底部排泥宜用自动定时的电磁排泥阀、电磁排泥虹吸装置或橡皮斗阀，也可使用手动快开阀人工排泥。

(12) 在进水管、第一反应室、第二反应室、分离区、出水槽等处，可视具体要求设取样管。

(13) 机械搅拌澄清池的搅拌机由驱动装置、提升叶轮、搅拌桨叶和调流装置组成。驱动装置一般采用无级变速电动机，以便根据水质和水量变化调整回流比和搅拌强度；提升叶轮用以将第一反应室水提升至第二反应室，并形成澄清区泥渣回流至第一反应室，搅拌桨叶用以搅拌第二反应室水体，促使颗粒接触絮凝；调流装置用作调节回流量。

（14）搅拌桨叶外径一般为叶轮直径的0.8～0.9，高度为第一反应室高度的1/3～1/2，宽度为高度的1/3。某些水厂的实践运行经验表明，加长叶片长度、加宽叶片，使叶片总面积增加，搅拌强度增大，有助于改进澄清池处理效果，减少池底排泥。

（15）机械搅拌澄清池一般为钢筋混凝土结构。机械搅拌澄清池如图4-22所示：

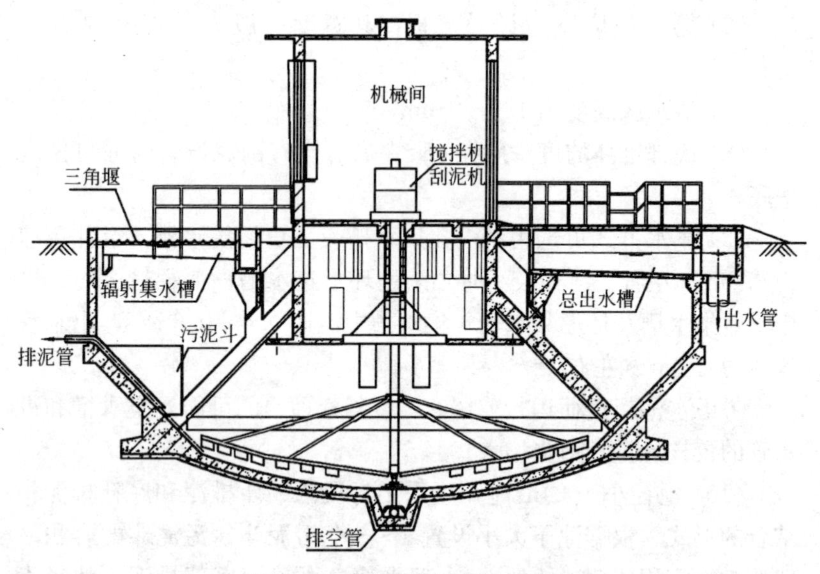

图4-22 机械搅拌澄清池示意图

维护及检查：

（1）每天定时巡视，观察机械搅拌澄清池运行状况。

（2）机械搅拌澄清池的投药和运行应连续。

（3）机械搅拌澄清池初始运行时，水量应为设计水量的1/2～2/3，投药量为正常运行投药量的1～2倍。原水浊度偏低时，在投药的同时可投加石灰、黏土，以形成泥渣。

（4）短时停止使用时，搅拌机不应停机，以防止回流缝堵塞并便于恢复运行。

(5) 机械搅拌澄清池应进行快速排泥。

(6) 加装斜管的机械搅拌澄清池应定期进行冲洗。

造价指标:

一般吨水投资在500～800元。

4.3.7 过滤

滤池型式的选择，应根据设计生产能力、运行管理要求、进出水水质和净水构筑物高程布置等因素，并结合当地条件，通过技术经济比较确定。目前农村水厂较多采用的有普通快滤池、重力式无阀滤池和过滤设备，前二者适合大、中型水厂，后者适用于中、小水厂。购买过滤设备应选用质量合格的产品，经济条件允许时，可采用自动化程度高的成套设备。

给水-16 快滤池

适用地区:

适用于全国农村水厂。

定义和目的:

一种传统的滤池型式，滤料一般为石英砂滤料或煤、砂双层滤料，冲洗采用单水冲洗，冲洗水由水塔(箱)或水泵供给。

技术特点与适用情况:

(1) 有成熟的运转经验，运行稳妥可靠。

(2) 采用石英砂滤料或煤、砂双层滤料，材料易得，价格便宜。

(3) 采用大阻力配水系统，单池面积可做的较大，池深较浅。

(4) 可采用降速过滤，水质较好。

(5) 适用于大、中水厂。

技术的局限性:

阀门多，必须设全套冲洗设备。

标准与做法:

(1) 滤池的分格应根据滤池型式、生产规模、操作运行和维护检修等条件通过技术经济比较确定，不得少于两格。

（2）快滤池滤料应具有足够的机械强度和抗蚀性能，一般采用石英砂、无烟煤等。单层石英及双层滤料滤池的滤料层厚度与有效粒径 d_{10} 之比应大于1000。

（3）单层石英砂滤料快滤池滤速宜为6～8m/h，煤砂双层滤料快滤池滤速宜为8～12m/h。

（4）滤池滤速及滤料组成的选用，应根据进水水质、滤后水水质要求，滤池构造等因素，参照相似条件下已有滤池的运行经验确定，宜按表4-8的规定取值。

滤池滤速及滤料组成 **表4-8**

滤料种类	滤料组成			设计滤速(m/h)
	粒径(mm)	不均匀系数(K_{80})	厚度(mm)	
单层石英砂滤料	石英砂 $d_{10}=0.55$	<2.0	700	6～8
煤、砂双层滤料	无烟煤 $d_{10}=0.85$	<2.0	300～400	8～12
	石英砂 $d_{10}=0.55$	<2.0	400	

注：滤料的相对密度为：石英砂2.50～2.70；无烟煤1.4～1.6。

（5）快滤池滤层表面以上的水深宜为1.5～2.0m。

（6）快滤池冲洗前的水头损失宜为2.0～2.5m。

（7）单层石英滤料快滤池宜采用大阻力或中阻力配水系统。

（8）快滤池冲洗排水槽的总面积不应大于过滤面积的25%，滤料表面到洗砂排水槽底的距离应等于冲洗时滤层的膨胀高度。

（9）单水冲洗滤池的冲洗周期，当为单层石英滤料时，宜采用12～24h。单水冲洗滤池的冲洗强度和冲洗时间宜按表4-9的规定取值。

单水冲洗滤池的水冲洗强度和冲洗时间（水温为20℃时） **表4-9**

滤池组成	冲洗强度[L/(m^2·s)]	膨胀率(%)	冲洗时间(min)
单层石英滤料	15～16	45	6～8
双层滤料	16～18	50	6～9

(10) 快滤池冲洗水的供给可采用冲洗水泵或冲洗水箱。当采用水泵冲洗时，水泵的流量应按单格滤池冲洗水量设计。当采用水箱冲洗时，水箱有效容积应按单格滤池冲洗水量的 1.5 倍计算。清水池亦可用作反冲洗水池。

(11) 快滤池一般为钢筋混凝土结构。快滤池如图 4-23 所示：

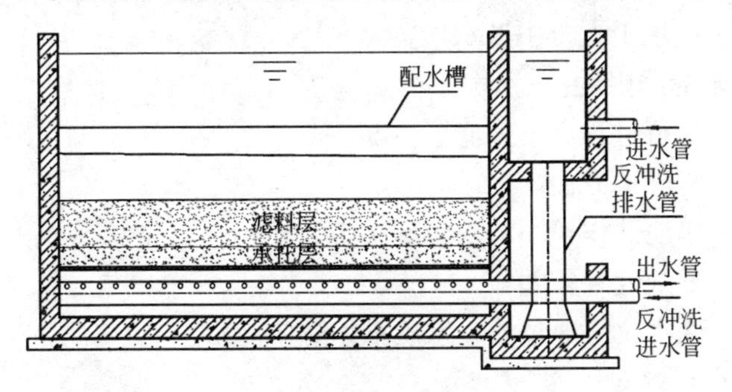

图 4-23　快滤池示意图

维护及检查：

(1) 快滤池应经常观察滤池的水位，当水头损失达 1.5～2.5m 或滤后水浊度超标时，应按设计要求和冲洗强度进行冲洗。

(2) 间断运行的快滤池，每次运行结束后，应进行冲洗；冲洗结束后，应保持滤料层表面有一定的水深。

(3) 定期检测滤层厚度，发现滤料跑失应及时查找原因和补充滤料。滤池新装滤料后，应冲洗两次，经检验滤后水合格后，方能投入使用。

造价指标：

一般吨水投资在 500～800 元。

给水-17　重力式无阀滤池

适用地区：

适用于全国农村水厂。

定义和目的：

一种不设阀门的快滤池型式。在运行过程中，出水水位保持恒定，进水水位则随滤层水头损失的增加而不断在虹吸管内上升，当水位上升到虹吸管管顶，并形成虹吸时，即自动开始滤层反冲洗，冲洗排泥水沿虹吸管排出池外。

技术特点与适用情况：

(1) 不需设置阀门。

(2) 自动冲洗，管理方便。

(3) 适用于大、中型水厂。

技术的局限性：

(1) 运行过程看不到滤层情况。

(2) 清砂不方便。

(3) 单池面积较小，一般不大于 $25m^2$。

(4) 冲洗效果较差。

(5) 变水位等速过滤，水质不如降速过滤。

标准与做法：

(1) 每格无阀滤池应设单独的进水系统，进水系统应有防止空气进入滤池的措施。

(2) 重力式无阀滤池滤料的设置，当原水为沉淀池出水时，宜采用单层石英砂滤料；当采用接触过滤时，宜采用双层滤料。

(3) 重力式无阀滤池滤速宜为 6～8m/h。

(4) 重力式无阀滤池冲洗前的水头损失可为 1.5m。

(5) 重力式无阀滤池冲洗强度宜为 $15L/(m^2 \cdot s)$，冲洗时间 5～6min。

(6) 重力式无阀滤池过滤室内滤料表面以上的直壁高度，应等于冲洗时滤料的最大膨胀高度加保护高度。

(7) 重力式无阀滤池宜采用小阻力配水系统。

(8) 无阀滤池的反冲洗虹吸管应设有辅助虹吸设施和强制冲洗装置，并在虹吸管出口设调节冲洗强度的装置。

(9) 重力式无阀滤池一般为钢筋混凝土结构。重力式无阀滤池如图 4-24 所示。

维护及检查：

(1) 定期检查重力式无阀滤池虹吸管有无损坏，若有损坏应尽快修复。

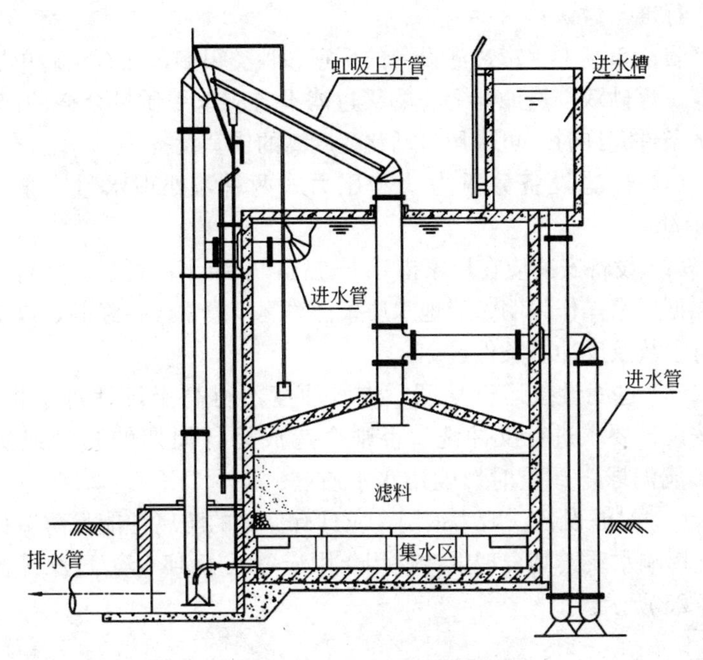

图 4-24 重力式无阀滤池示意图

(2) 重力式无阀滤池的冲洗是全自动的，但当滤后水浊度超标时，即便滤池水头损失还没有达到最大值时，也应进行强制冲洗。

造价指标：

一般吨水投资在 500～800 元。

给水-18 过滤设备

适用地区：

适用于全国农村水厂。

定义和目的：

一种成套定型制作的滤池型式。

技术特点与适用情况：

处理水量一般 1～50m^3/h，适用于农村中、小型水厂。

技术的局限性：

一般为钢制，需进行防腐处理，使用年限较短。

标准与做法：

目前市场上生产过滤设备的厂家和种类很多，如石英砂单层过滤器、煤砂双层过滤器等，购买过滤设备应选用质量合格的产品，经济条件允许时，可采用自动化程度高的成套设备。

（1）过滤设备分重力式和压力式两种，处理水量一般 1～50m^3/h。

（2）设备安装应在厂家指导下进行，安装牢固可靠。运行初期应根据厂家操作说明、当地水质条件等逐步摸索运行经验，以确定运行参数及反冲洗条件等。

（3）过滤设备运行期间，进水浊度不得高于设计进水指标，并按设计要求进行反冲洗，否则会造成运行周期的缩短或滤层内形成泥球，严重时影响出水水质。

（4）过滤设备一般为钢制，应具有良好的防腐性能且防腐材料不能影响水质，其合理设计使用年限应不低于 15 年。过滤设备如图 4-25 所示：

图 4-25 过滤设备示意图

维护及检查：

过滤设备应按照产品说明书的要求进行操作和维护。

造价指标：

过滤设备价格在 2000～20000 元/台。

4.3.8 一体化净水装置

给水-19 一体化净水装置

适用地区：

适用于全国农村水厂。

定义和目的：

一体化净水装置是将絮凝、沉淀、过滤等工艺组合在一起的小型净水设备。

技术特点与适用情况：

一体化净水装置具有体积小、占地少、一次性投资省、建设速度快的特点。国内生产的一体化净水装置的处理能力一般为 5～100m^3/h，适用于日供水量 1000m^3/d 以下的水厂。

技术的局限性：

一般为钢制，需进行防腐处理，使用年限较短。

标准与做法：

（1）一体化净水装置可采用重力式或压力式，净水工艺应根据原水水质、设计规模确定。

1）原水浊度长期不超过 20NTU、瞬时不超过 60NTU 的地表水净化，可选择接触过滤工艺的净水装置；

2）原水浊度长期不超过 500NTU、瞬时不超过 1000NTU 的地表水净化，可选择絮凝、沉淀、过滤工艺的一体化净水装置；原水浊度经常超过 500NTU、瞬时超过 5000NTU 的地表水净化，可在上述处理工艺前增设预沉池。

（2）一体化净水装置产水量一般为 5～100m^3/h，设计参数应符合相关规范、规程的有关规定，并选用有鉴定证书的合格产品。

（3）一体化净水装置应具有良好的防腐性能且防腐材料不能影响水质，其合理设计使用年限应不低于 15 年。

（4）压力式净水装置应设排气阀、安全阀、排水阀及压力表，并有更换或补充滤料的条件。容器压力应大于工作压力的 1.5 倍。

(5) 选择一体化净水设备时，应根据当地水质条件等复核设备主要设计参数。

(6) 购买一体化净水装置应选用质量合格的产品，经济条件允许时，可采用自动化程度高的成套设备。

(7) 一体化净水装置一般为钢制，如图 4-26 所示。

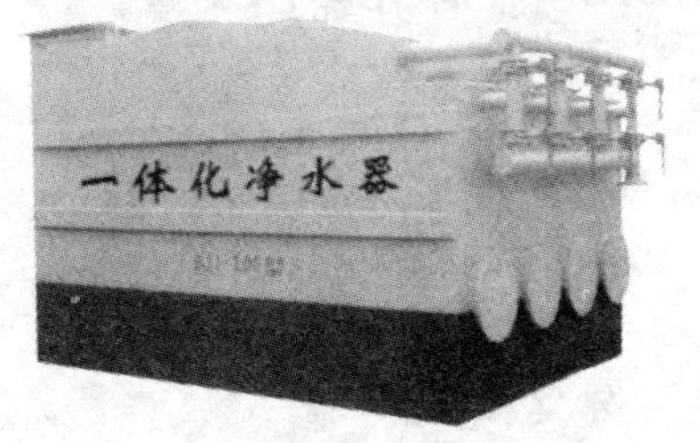

图 4-26 一体化净水装置示意图

维护及检查：

一体化净水装置应按照产品说明书的要求进行操作和维护。

造价指标：

一体化净水装置价格在 5～20 万元/台。

4.3.9 膜处理

目前农村水厂采用的膜处理工艺主要有超滤、电渗析和反渗透，其中电渗析和反渗透主要应用于苦咸水或含氟、含砷水的处理，可详见本书第六章特殊水处理相关章节等，本章节重点介绍超滤。

给水-20 超滤

适用地区：

适用于全国农村水厂。

定义和目的：

利用超滤膜截流和去除水中细小杂质、细菌及微生物的过程。

技术特点与适用情况：

(1) 超滤膜过滤精度高，出水水质好。

(2) 超滤膜装置占地面积小、施工周期短。

(3) 运行可完全实现自动化，管理方便。

(4) 处理规模灵活，适用于小型集中式水厂或分散式供水。

技术的局限性：

(1) 超滤膜对进水水质有一定要求，需要前处理。

（2）超滤膜使用寿命 5～8 年，需要更换膜。

标准与做法：

（1）地下水采用超滤工艺如图 4-27 所示。

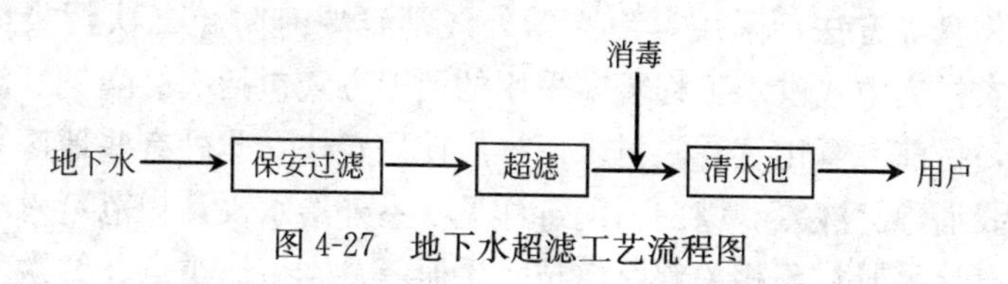

图 4-27 地下水超滤工艺流程图

（2）地表水采用超滤工艺如图 4-28 所示。

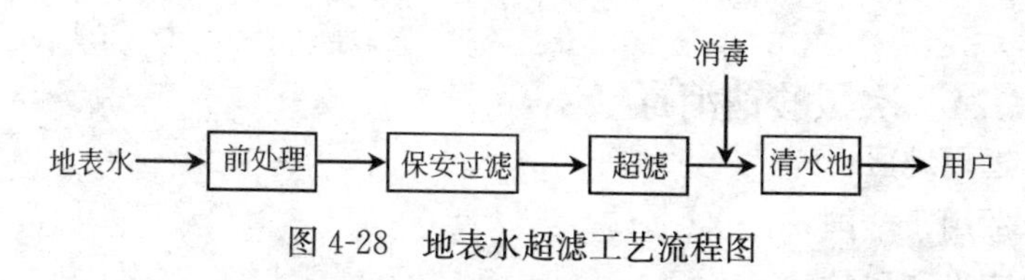

图 4-28 地表水超滤工艺流程图

（3）进入超滤膜组件的原水水质应符合膜厂商的进水水质要求，运行参数和方式宜通过调试运行后确定。

（4）超滤装置一般由预处理系统、超滤膜组件、冲洗系统、化学清洗系统、控制系统等组成。

（5）超滤装置运行的跨膜压差不宜大于 1.0bar，膜通量宜为 50L/(m^2·h·bar)，进水压力不应超过膜厂商规定的最高压力。

（6）自动反冲洗超滤装置宜为全流过滤，每运行 20～30min 后，可自动反冲洗 1min 左右。手动反冲洗超滤装置宜为错流过滤，浓水流量宜为进水流量的 5%～10%，每运行 2～4h 后，应手动反冲洗 5～10min。

维护及检查：

（1）应严格按工艺要求和设备厂家操作说明运行及操作，由专人管理，定期清洗。

（2）膜分离水处理过程中产生的反冲洗水和清洗排放水等应妥善处理，防止形成新的污染源。

造价指标：

一般吨水投资在 200～250 元。

4.3.10 消毒

生活饮用水必须消毒。消毒可采用液氯、漂白粉、次氯酸钠、二氧化氯等方法，采用臭氧、紫外线消毒要有防止二次污染的措施。农村集中式供水工程较多采用的消毒方式包括次氯酸钠、漂白粉等，目前二氧化氯在农村水厂推广使用较快，此外有些地区采用紫外线消毒。液氯、漂白粉消毒详见《室外给水设计规范》、《给水排水设计手册》等相关规范、技术手册等，本手册重点介绍次氯酸钠、二氧化氯和紫外线消毒。

给水-21 次氯酸钠消毒

适用地区：

适用于全国农村水厂。

定义和目的：

通过向水中投加次氯酸钠杀灭或去除水中的病源微生物。

技术特点与适用情况：

(1) 具有余氯的持续消毒作用。

(2) 比投加液氯安全、方便，操作简单。

(3) 使用成本虽较液氯高，但较漂白粉低。

(4) 适用于小型水厂或管网中途加氯。

技术的局限性：

(1) 不能贮存，必须现场制取使用。

(2) 必须耗用一定电能和食盐。

标准与做法：

(1) 加氯点应根据原水水质、工艺流程及净化要求选定，滤后必须加氯，必要时也可在混凝沉淀前和滤后同时加氯。加氯间应尽量靠近投加点。

(2) 次氯酸钠的设计投加量应根据类似水厂的运行经验，按最大用量确定。

氯与水的接触时间不小于30min，出厂水游离余氯含量不低于0.3mg/L，管网末端游离余氯含量不低于0.05mg/L。

(3) 加氯给水管道应保证连续供水，水压和水量应满足投加要求。

(4) 消毒剂仓库的储备量应按当地供应、运输等条件确定，一般按最大用量的 15～30d 计算。

(5) 投加次氯酸钠的管道及配件必须耐腐蚀，宜采用无毒塑料给水管材。

维护及检查：

(1) 应严格按工艺要求和设备厂家操作说明操作。

(2) 经常检测药剂溶液的浓度，要有现场测试设备。

(3) 定期检查设备及管路密闭，没有泄漏。

(4) 次氯酸钠不宜久贮，夏天应当天生产、当天用完；冬天贮存时间不得超过一周，并须采取避光贮存。

(5) 设备由专人管理，熟悉各部件的性能及使用方法，定期进行检查保养、维修。

(6) 整流电源的输出正负极不得接错，阳极(内管)接正级、阴级(外管)接负极，否则将造成电极损坏。

(7) 电解时，保证盐水和冷却水不中断，消毒液不受阻。

(8) 保护电极。阳级是次氯酸钠发生器的核心部件，使用不当会缩短寿命，甚至造成永久性的损坏。

造价指标：

次氯酸钠发生器价格一般在 3000～8000 元/套。

给水-22 二氧化氯消毒

适用地区：

适用于全国农村水厂。

定义和目的：

通过向水中投加二氧化氯杀灭或去除水中的病源微生物。

技术特点与适用情况：

(1) 较液氯的杀毒效果好。

(2) 具有强烈的氧化作用，可除臭、去色、氧化锰、铁等物质。

(3) 投加量少，接触时间短，余氯保持时间长。

(4) 不会生成有机氯化物副产物。

(5) 适用于中、小型水厂。

技术的局限性：

(1) 成本较高

(2) 一般需现场随时制取使用。

(3) 制取设备较复杂。

(4) 需控制氯酸盐和亚氯酸盐等副产物。

标准与做法：

(1) 市场上已经有成套设备。

(2) 二氧化氯发生器有复合型和高纯性两种，应选用安全性好，在水量、水压不足、断电等情况下都有自动关机的安全保护措施。运行的自动化程度高，能自动控制进料、投加计算，药液用完自动停泵报警。发生器应具有手动/自动控制投加浓度，浓度的上下限可人为设定。

(3) 二氧化氯投加量：预氧化消毒时，投加量 0.5～1.5mg/L；地下水消毒时，投加量 0.1～0.5mg/L；地表水消毒：投加量 0.2～1.0mg/L。

(4) 二氧化氯设备安装如图 4-29 所示。

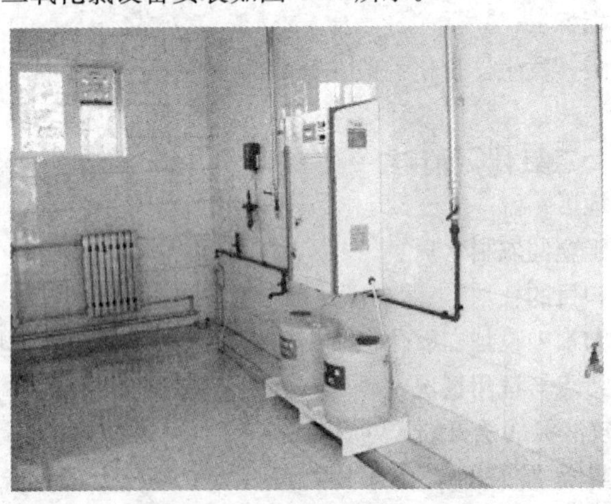

图 4-29 二氧化氯安装示意图

维护及检查：

(1) 应严格按工艺要求操作，不能片面加快进料、盲目提高温度。

(2) 应避免有高温、明火在库房内产生。

(3) 经常检测药剂溶液的浓度，要有现场测试设备。

(4) 定期检查设备及管路密闭，没有泄漏。

(5) 亚氯酸钠搬运时，要防止剧烈震动和摩擦。

造价指标：

二氧化氯发生器价格一般在 5000～50000 元/套。

给水-23 紫外线消毒

适用地区：

适用于全国农村水厂。

定义和目的：

利用紫外线光在水中照射一定时间杀灭或去除水中的病源微生物。

技术特点与适用情况：

(1) 杀菌效率高，需要的接触时间短。占地面积小，且不受 pH 值和温度的影响。

(2) 不改变水的物理、化学性质，不会生成有机氯化物和氯酚味。

(3) 运行稳定，操作方便。

技术的局限性：

(1) 没有持续的消毒作用。

(2) 电耗较高，灯管寿命还有待提高。

(3) 温度对紫外线消毒效果影响较大。

标准与做法：

(1) 市场上已经有成套设备。

(2) 紫外线消毒系统主要由以下设备构成：UVC 消毒模块，电子镇流器模块，自动控制系统，自动清洗系统等。

(3) 根据国家标准《城市给排水紫外线消毒设备》(GB/T 19837)，紫外线消毒设备的选择包括消毒器的型式、紫外灯的类型、紫外灯的寿命、紫外灯的排布、模块数量、清洗方式等。

(4) 紫外线消毒作为生活饮用水主要消毒手段时，紫外线消毒设备在峰值流量和紫外灯运行寿命终点时，考虑紫外灯套管结垢影响后所能达到的紫外线有效剂量不应低于 $40mJ/cm^2$。

(5) 在紫外线消毒系统实际工程中，需要综合多方面的因素选择，且不同设备厂家提供的设备工作方式和设备性能是不一样的，因此，在建设紫外线消毒系统时，应由设计方提供基本的参数，由设备提供方共同参与完成。

维护及检查：

定期维护与检查设备，长期运行后，石英套管结垢严重，需要定期清洗，镇流器、灯管受频繁启动等影响容易损坏或光强度降低，需要及时更换。

造价指标：

紫外线消毒设备投资一般在 10000～100000 元/套。

4.3.11 处理构筑物和设施的选择

当确定工艺流程后，每一道净水工序，如前所述，一般都有多种型式的构筑物可供选择。采用何种净水构筑物，需在设计时，因地制宜，结合当地自然、经济条件和技术、施工、运行管理能力，经过技术经济比较后择优确定。

如地表水常规净化工艺中的絮凝工序，与平流沉淀池配套组合时，多采用折板絮凝池，也可采用网格絮凝池；与斜管沉淀池配套组合时，多采用穿孔旋流絮凝池或网格絮凝池。沉淀(澄清)工序，中、小型村镇供水工程，场地宽裕时，可选用平流沉淀池，反之可选用斜管沉淀池；连续运行的水厂，可选用加速澄清池或水力循环澄清池，在同一池内完成混合、絮凝、沉淀(澄清)的过程；常规水处理中的过滤工序，中、小型村镇供水工程，多采用快滤池或重力式无阀滤池，大型工程多采用虹吸滤池或 V 形滤池；南方场地宽裕的村镇，亦可针对不同的原水水质，采用粗滤池、慢滤池净化工艺或单一慢滤池工艺。慢滤净化工艺的优点是构造简单、水质好、不用投加混凝剂、运行成本低、正常操作管理方便，缺点是效率低、占地大、需定期人工刮砂或洗砂、劳动强度大。截至2008年底，福建省建瓯市，已建成123座以慢滤池为主体的村级水厂，用于处理山溪水、水库水，效果良好。

4.4　调蓄构筑物

一般情况下，水厂的取水构筑物和净水厂规模是按最高日平均时用水量加水厂自用水量设计的，而配水设施则需要满足用户的逐时用水量变化，为此需设置水量调蓄构筑物，以平衡两者的水量变化。

4.4.1　调蓄构筑物型式及选择

村庄给水常用的调蓄构筑物主要有清水池、高位水池和水塔，可以设置在水厂内，也可以设置在水厂外。调蓄构筑物的设置方式对配水管网的造价及经常电费均有较大影响，故应根据具体条件综合比较后确定。当有地形条件时，宜优先选用高位水池。

各种调蓄构筑物的适用条件见表4-10。

各种调蓄构筑物的适用条件　　表4-10

序号	调蓄方式	适用条件
1	清水池	（1）一般供水范围不很大的中小型水厂，经技术经济比较无必要在管网中设置调蓄水池 （2）需昼夜连续供水，并可用水泵调节水量的小型水厂 （3）一般设置在水厂内
2	高位水池	（1）有合适的地形条件 （2）调节水量较大的水厂 （3）用户要求压力和范围变化不大 （4）一般设置在水厂外
3	水塔	（1）供水规模和供水范围较小的水厂 （2）间歇生产的小型水厂 （3）无合适地形建造高位水池，而且调节水量较小

4.4.2　调蓄构筑物的整治

调蓄构筑物的整治内容主要包括：

(1) 清水池、高位水池应有保证水体流动、避免死角的措施，容积大于 $50m^3$ 时应设导流墙(图 4-30)，增加清洗及通气等措施。

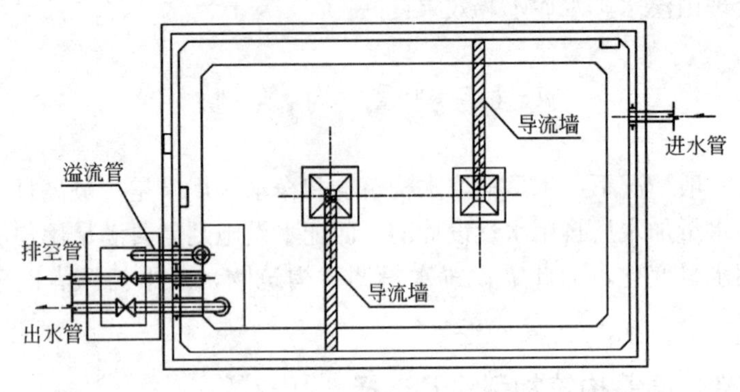

图 4-30 导流墙构造示意图

(2) 清水池和高位水池应加盖，设通气孔、溢流管、排空管和检修孔，并有防止杂物和爬虫进入池内的措施。如图 4-31 所示。

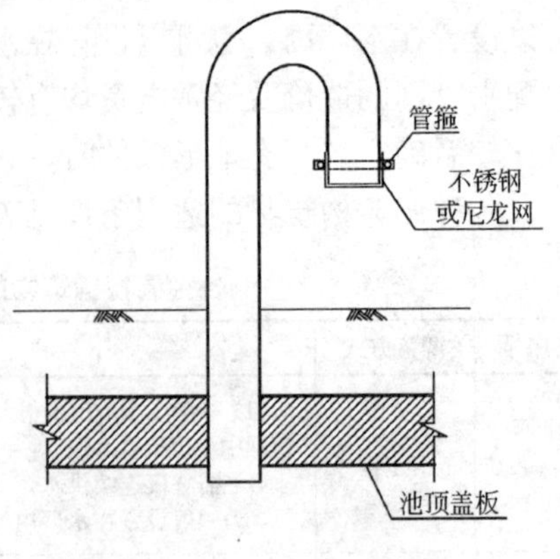

图 4-31 通气孔示意图

(3) 室外清水池和高位水池周围及顶部宜覆土。如图 4-32 所示。

(4) 无避雷设施的水塔和高位水池应增设避雷设施。

(5) 卫生防护应符合下列规定：

1) 清水池和高位水池池顶不得堆放污染水质的物品和杂物。

2) 池顶种植植物时，严禁施放各种肥料。

3) 调蓄构筑物应定期排空清洗，清洗完毕经消毒后，方能蓄水。

4) 清水池的排空、溢流等管道严禁直接与下水道连通。

5) 汛期应保证清水池四周的排水畅通，防止雨、污水倒流和渗漏。

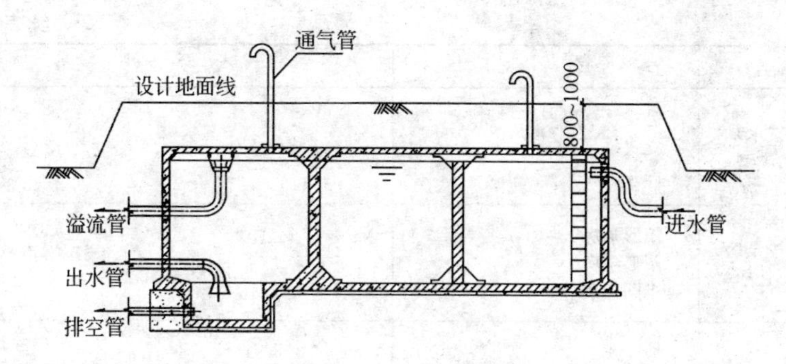

图 4-32 清水池覆土示意图

4.5 泵 房

4.5.1 给水泵房分类

给水泵房按其在给水工程中的作用、采用的水泵类型以及泵房的布置形式可作如下分类，见表 4-11。

目前农村给水工程常见的给水泵房有：深井泵房、大口井泵房、潜水井泵房、圆形取水泵房、矩形配水泵房等。

给水泵房分类 表 4-11

分类方式	名称	备注
按作用	水源井泵房	(1) 为地下水的水源泵房 (2) 包括管(深)井泵房、大口井泵房、潜水井泵房等
	取水泵房：又称进水泵房、一级泵房、原水泵房	(1) 为地表水的水源泵房 (2) 可与进水间、出水闸门井合建或分建
	配水泵房：又称出水泵房、二级泵房、清水泵房等	一般是指水厂内直接将出厂水送入配水管网的泵房
	加压泵房	(1) 是指设于输水管线或配水管网上直接从管道抽水进行加压的泵房 (2) 包括输水管线较长时、中途进行增压的泵房以及从管网抽水向边远或高地供水的加压泵房
	调节泵房	是指建有调节水池的泵房，可增加管网高峰用水时的供水量

续表

分类方式	名称	备注
按水泵类型	卧式泵泵房 立式泵泵房 深井泵房	—
按泵房外形	矩形泵房 圆形泵房 半圆形泵房	—
按水泵层设置位置	地面式 地下式 半地下式	—

4.5.2 给水泵房的整治

目前我国农村部分集中式给水工程中给水泵房存在的主要问题包括：水泵选型不合理或不满足水量、水压及其变化的要求，设备、设施老化、陈旧等问题，需要进行整治。

(1) 水泵选择应在专业技术人员指导下进行，要使水泵在高效区工作，防止大马拉小车。

(2) 不能满足水量、水压要求的水泵宜进行更换。

(3) 不能适应水量、水压变化要求的水泵宜增设变频设施。

(4) 当水泵向高地供水时，应在出水总干管上安装水锤防护装置，如缓闭止回阀等。

(5) 宜增加水位自动控制装置。

(6) 对老化、陈旧的设备、设施等进行检修或更换。

4.6 输水管(渠)与配水管网

4.6.1 输水管(渠)选线和布置

1. 输水线路的选择

输水管(渠)线路的选择，应根据下列要求确定：

(1) 应选择较短的线路，尽可能避免急转弯、较大的起伏和穿越不良地质地段；

（2）少拆迁、少占农田；

（3）充分利用地形条件，优先采用重力输水；

（4）施工、运行和维护方便；

（5）考虑近远期结合和分步实施的可能。

2. 输水管(渠)的布置

（1）输水管道一般可按单管布置，长距离输水单管布置时，可适当增大调蓄构筑物的容积。规模较大的工程，宜按双管布置；双管之间应设连通管和检修阀，干管任何一段发生事故时仍能通过70％的设计流量。

（2）输水管道隆起点上应设空气阀，长距离管道坡度平缓的管段，宜间隔1000m左右设一空气阀。

（3）输水管道低凹处应设泄水阀。

（4）向多个村镇输水时，分水点下游侧的干管和分水支管上应设检修阀；向地势较高或较远的村庄输水时，可在适当位置设置加压泵站，采用分压供水。

（5）重力输水管道，地形高差超过60m并有富余水头时，应在适当位置设减压设施。

4.6.2 配水管网选线和布置

配水管网选线和布置应根据下列要求确定：

（1）配水管网应合理分布于整个用水区，线路尽量短，并符合村庄有关建设规划。

（2）规模较小的村庄，可布置成树枝状管网；规模较大的村庄，有条件时，宜布置成环状或环状与树枝状结合的管网。

（3）管道宜沿现有道路或规划道路路边布置，干管应以较短的距离引向用水大户。应避免穿越有毒、化学性污染或腐蚀性地段，无法避开时应采取防护措施。

（4）管道隆起点上应设空气阀；管道低凹处或树枝状管网的末端，应设泄水阀。

（5）干管上应分段或分区设检修阀，各级支管上应在适当位置设检修阀。

(6) 地形高差较大时，应根据供水水压要求和分压供水的需要，在适当位置设加压或减压设施。

(7) 应根据村庄具体情况，按《建筑设计防火规范》(GB 50016)和《村镇建筑设计防火规范》(GBJ 39)的有关要求设消火栓，消火栓应设在取水方便的醒目处。并且负有消防给水任务的管道最小管径不应小于100mm。

(8) 非生活饮用水管网或自备生活饮用水供水系统，不得与村镇生活饮用水管网直接连接。

4.6.3 管道敷设

管道布置和敷设应符合以下要求：

(1) 管道布置应避免穿越有毒、有害或腐蚀性地段，无法避开时应采取防护措施。

(2) 集中供水点应设在用水方便处，寒冷地区应有防冻措施。

(3) 输配水管道宜埋地敷设。管道埋设应符合下列规定：

1) 管顶覆土应根据冰冻情况、外部荷载、管材强度、与其他管道交叉等因素确定。非冰冻地区，管顶覆土宜不小于0.7m，在松散岩基上埋设时，管顶覆土应不小于0.5m；寒冷地区，管顶应埋设于冰冻线以下；穿越道路、农田或沿道路铺设时，管顶覆土宜不小于1.0m。

2) 管道一般应埋设在原状土或夯实土层上，管道周围200mm范围内应用细土回填；回填土的压实系数应不小于90%，如图4-33所示。图中管道土弧基础中心角2α由专业人员确定边坡系数m视土质情况而定在岩基上埋设管道时，应铺设砂垫层；在承载力达不到设计要求的软土地基上埋设管道时，应进行基础处理。

3) 当给水管与污水管交叉时，给水管应布置在上面，且不应接口重叠；若给水管敷设在下面，应采用钢管或设钢套管，套管伸出交叉管的长度，每端应不小于3m，套管两端应采用防水材料封闭。

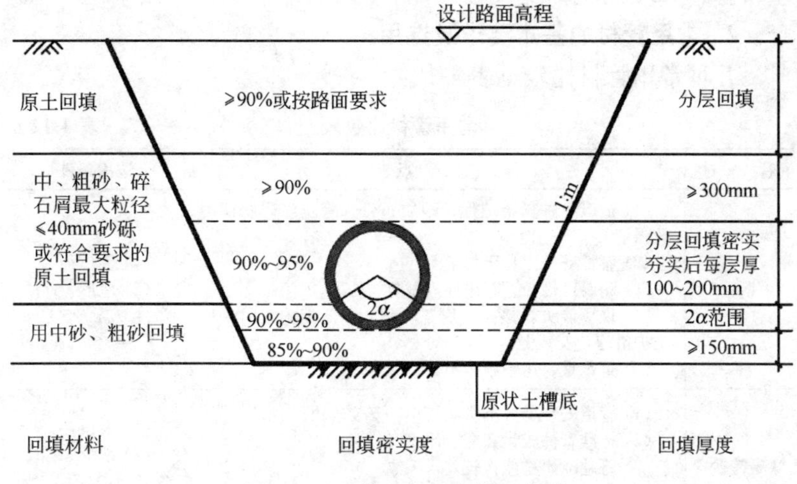

图 4-33 沟槽开挖及回填示意图

4）给水管道与建筑物、铁路和其他管道的水平净距，应根据建筑物基础结构、路面种类、管道埋深、工作压力、管径、管道上附属构筑物大小、卫生安全、施工管理等条件确定。与建筑物基础的水平净距宜大于 1.0m；与围墙基础的水平净距宜大于 1.0m；与铁路路堤坡脚的水平净距宜大于 5.0m；与电力电缆、通信及照明线杆的水平净距宜大于 1.0m；与高压电杆支座的水平净距宜大于 3.0m；与污水管、煤气管的水平净距宜大于 1.5m。

（4）露天管道应有调节管道伸缩的设施，冰冻地区尚应采取保温等防冻措施。

（5）穿越河流、沟谷、陡坡等易受洪水或雨水冲刷地段的管道，应采取必要的保护措施。

（6）承插式管道在垂直或水平方向转弯处宜设支墩，支墩的设置应根据管径、转弯角度、设计工作压力和接口摩擦力等因素通过计算确定。

4.6.4 常用管材种类和选用

1. 常用管材的种类

常用管材主要有钢管、球墨铸铁管、混凝土管、PVC-U 给水塑料管、PE给水塑料管等。

2. 常用管材的基本要求及选用

几种常用管材比较见表4-12：

常用管材比较表 **表4-12**

管材	特点	适用条件
钢管	(1) 适应各种复杂地形、地质条件，跨越障碍物能力较强 (2) 管件齐全、易于加工 (3) 耐腐蚀性较差，内外需做防腐处理 (4) 现场接头焊接及防腐工作量大，冬期施工需采取防护措施，安装慢 (5) 重量重、运输搬运不便	(1) 大口径 (2) 地形、地质条件复杂
球墨铸铁管	(1) 管道安装受冬季影响较小，安装较快 (2) 标准管件较为齐全，便于安装 (3) 跨越障碍物能力较差 (4) 重量重、运输搬运不便 (5) 弯头、三通处需设支墩	(1) 大口径 (2) 地形、地质条件不复杂，地下障碍物少
PVC-U给水塑料管	(1) 耐腐蚀性能好，无需做防腐处理 (2) 重量轻、安装方便	小口径，管径一般小于400mm
PE给水塑料管	(1) 耐腐蚀性能好，无需做防腐处理 (2) 适应各种复杂地形、地质条件 (3) 重量轻、吊装方便 (4) 现场接头焊接，安装较快，但大口径焊接需厂家提供焊机	小口径，管径一般小于400mm

输配水管材的选择应符合下列规定：

(1) 具有一定强度，耐腐蚀性好，能承受所要求的管内外压力；

(2) 水密性良好，不漏水、不渗水；

(3) 内壁光滑；

(4) 施工方便可靠。

给水管材及其规格应根据设计工作压力、敷设方式、外部荷载、地形、地质、施工及材料供应等条件确定，并符合下列规定：

(1) 埋地管道宜优先选用符合卫生要求的给水塑料管。聚乙烯应符合《给水用聚乙烯(PE)管材》(GB/T 13663)的要求，硬聚氯乙烯管应符合《给水用硬聚氯乙烯(PVC-U)管材》(GB/T 1002.1)

的要求。

(2) 选用管材的公称压力应大于设计工作压力。

(3) 明设管道宜选用金属管或混凝土管等管材，选用塑料管时应采取相应的防护措施。

(4) 采用钢管时，应进行内外防腐处理，内防腐材料应符合《生活饮用水输配水设备及防护材料的安全评价标准》(GB/T 17219)的要求。

4.6.5 管道附属设施

1. 空气阀

输配水管道隆起点上应设通气阀；当坡度小于1‰时，宜间隔1000m设空气阀。排气口径宜为管道直径的1/8～1/12，或经水力计算确定。

2. 泄水阀

在管道低凹处，应设泄水阀。泄水阀口径宜为管道直径的1/3～1/5，或经水力计算确定。

3. 检修阀

向多个村镇输水时，干管分水点的下游和支管上应设检修阀。

4. 减压设施

重力输水管道在地形高差引起的动水压力和静水压力超过敷设管道的公称压力时，应在适当位置设减压设施。

5. 消火栓

应根据村镇具体情况，按《建筑设计防火规范》(GB 50016)有关规定设置消火栓；消火栓应设在醒目处。

6. 其他

(1) 树枝状配水管网的末稍应设泄水阀。干管上应分段或分区设检修阀，各级支管上应在适宜位置设检修阀。

(2) 配水管应在水压最不利点处设测压表。

(3) 室外管道上的空气阀、减压阀、消火栓、闸阀、蝶阀、泄水阀、排空阀、水表(三级水表)等宜设在井内，并有防冻、防淹措施。

4.6.6 输配水管道整治内容及要求

目前我国农村一些集中式给水工程中输配水管道存在的主要问题包括：管道选线和敷设不合理、管材选用不合理、管道附件的设置不配套、或管道老化、陈旧等问题，需要进行整治。

(1) 现有供水不畅的输配水管道应进行疏通或更新，以解决跑、冒、滴、漏和二次污染等问题。

(2) 输水管道应满足管道埋设要求，尽量缩短线路长度，避免急转弯、较大的起伏、穿越不良地质地段，减少穿越铁路、公路、河流等障碍物。

(3) 新建或改造的管道应充分利用地形条件，优先采用重力流输水。

(4) 配水管道宜沿现有道路或规划道路敷设，地形高差较大时，宜在适当位置设加压或减压设施。

(5) 村庄生活饮用水配水管道不应与非生活饮用水管道、各单位自备生活饮用水管道连接。

(6) 输配水管道应尽可能埋地敷设埋设深度应根据冰冻情况、外部荷载、管材性能等因素确定。露天管道宜设调节管道伸缩设施，并设置保证管道稳定的措施，还应根据需要采取防冻保温措施。

(7) 输配水管道在管道隆起点上应设自动空气阀。空气阀口径宜为管道直径的1/8～1/12，且不小于15mm。

(8) 管道低凹处应设泄水阀，泄水阀口径宜为管道直径的1/3～1/5。

(9) 管道分水点下游的干管和分水支管上应设检修阀。

(10) 室外管道上的闸阀、蝶阀、空气阀、泄水阀、减压阀、消火栓、水表等宜设在井内，并有防冻、防淹措施。

(11) 对不符合卫生条件的管材进行更换。

4.7 水厂总体整治

水厂一般是指净配水厂，是供水系统中的重要组成部分。按水源类型，一般可分为地下水厂和地表水厂。地下水厂除进行特殊水处理的地下水厂外，一般厂内生产构筑物较少、工艺较简单；地表水厂，尤其是以高浊度水、微污染水等为水源的地表水厂，工艺较复杂，生产构筑物多，对水厂总体布置提出了更高的要求。

水厂总体布置应遵循的主要原则为：流程合理、运行可靠、操作方便、节约用地、美化环境、适当留有发展余地。

水厂总体布置包括水厂平面布置、竖向布置、管线布置及厂区道路、绿化等。

4.7.1 水厂平面布置

当水厂的生产工艺流程、生产构筑物、附属建筑物确定以后，即可进行水厂的总平面设计，将各项生产和辅助设施进行组合布置。

1. 平面布置的主要内容

(1) 各种构筑物和建筑物的平面定位。

(2) 各种管道、管道节点和阀门布置。

(3) 排水管、渠和检查井布置。

(4) 供电、自控、通信线路布置。

(5) 围墙、道路和绿化布置。

2. 平面布置要点

水厂的平面布置应符合下列要求：

(1) 按功能分区，生产区和生活区分开布置，分区集中，配置得当，主要指生产、附属生产和生活各部分的布置应分区明确，而又不过度分散。

可将工作上有直接联系的附属设施，尽量靠近，以便管理，一般水厂可分为：

1) 生产区：生产区是水厂布置的核心，除按系统流程布置要求外，尚需对有关附属生产构筑物进行合理安排。

加药间(包括投加凝聚剂、助凝剂、粉末活性炭、碱剂以及加氯、加氨和相应的药剂仓库)应尽量靠近投加点，一般可设置在沉淀池附近，形成相对完整的加药区。

2）生活区：将办公楼、值班宿舍、食堂厨房、锅炉房等建筑物组合为一区。生活区尽可能放置在厂门口附近，便于外来人员的联系。而使生产系统少受外来干扰。

化验室可设在生产区、也可设在生活区的办公楼内。

3）维修区：将维修车间、仓库以及车库等，组合为一个区，这一区占用场地较大，堆放配件杂物较乱，最好与生产系统有所分隔，而独立为一个区块。

（2）布置紧凑，减少占地面积和连接管(渠)的长度，便于操作管理。如配水泵房应尽量靠近清水池，各构筑物间应留出必要的施工间距和管(渠)位置。

（3）便于净水构筑物扩建时的衔接。净水构筑物一般可逐组扩建，但配水泵房、加药间，以及某些附属设施，不宜分组过多，为此在布置平面时，应慎重考虑远期净水构筑物扩建后的整体性，留有适当的扩建余地。

（4）满足物料运输、施工和消防要求。日常交通、物料运输和消防通道是水厂道路设计的主要目的，也是水厂平面设计的主要组成。一般在主要构筑物的附近必须有道路到达，为了满足消防要求和避免施工的影响，某些建筑物之间必须有一定间距。

（5）因地制宜和节约用地：水厂布置应避免点状分散，以致增加道路，多用土地。

为了节约用地，水厂布置应根据地形，尽量注意构筑物或附属建筑物采用组合或合并的方式，便于操作联系。

（6）建筑物的布置应注意朝向和风向。加氯间、氯库和锅炉房应尽量设置在水厂主导风向的下风向，泵房和其他建筑物尽量布置成南北向。

3. 水厂生产工艺流程布置

在确定水厂净化工艺流程并选定净水构筑物，按照设计规模，计算生产构筑物的个数和尺寸后，需按工艺流程布置生产构筑物，这是水厂总体设计的主要内容。为了使工艺流程布置更趋合理，应进行多方案比较，综合评价后择优确定。

（1）布置原则

1）应按净水工艺流程顺流布置，构筑物之间的连接管(渠)宜按重力流设计，应减少提升次数。

2）当设计采用多组生产构筑物时，宜按系列采取平行布置，并应采取工程措施，如设置配水井保证配水均匀。

3）流程力求简短，布置力求紧凑，避免迂回重复，以减少水厂占地面积和连接管(渠)长度，减少净水过程水头损失，并便于操作管理。生产构筑物应力求靠近，如沉淀池(澄清池)应靠近滤池，配水泵房应靠近清水池。除采用组合式构筑物外，构筑物间尚应留出施工、维修和布置连接管(渠)的距离。

4）应充分利用地形，因地制宜地按流程重力流布置，力求挖填方平衡，减少土石方量和施工费用。当厂区位于山丘区，地形起伏较大时，应考虑流程走向与构筑物的埋设深度，如絮凝池、沉淀池或澄清池应尽量布置在地势较高处，清水池宜布置在地势较低处。

如地形自然坡度较大时，应顺等高线布置，在不得已情况下，才作台阶式布置。

在地质条件变化较大的地区，必须摸清地质情况，避免地基不匀，造成沉陷或增加地基处理工程量。

5）注意构(建)筑物的朝向，如滤池的操作廊道、配水泵房、加氯间、化验室、检修间、办公楼等均有朝向要求，尤其是配水泵房，电机散热量较大，布置时应考虑最佳方位和符合夏季主导风向的要求。一般情况下，水厂构(建)筑物以接近南北向布置较为理想。

6）考虑近期与远期的结合，当水厂明确分期建设时，既要有近期的完整性，又要有分期的协调性。一般有两种处理方式：一种按系列的布置方式，即同样规模的两组净化构筑物平行布置并预留远期系列布置的余地；另一种是在原有基础上作纵横扩建。而厂内的吸水井、配水泵房等一般可按远期供水规模设计。

(2) 布置类型

由于厂址、厂区占地形状和进、出水管方向等的不同，水厂工艺流程布置，可参照以下类型布置。

通常有三种基本类型：直线型，折角型，回转型。见图 4-34：

直线型：最常见的布置方式，从进水到出水整个流程呈直线［图 4-34(*a*)、(*b*)］，这种布置生产联络管线短，管理方便，有利于日后逐组扩建。

折角型：当进出水管受地形条件限制，可将流程布置为折角型；折角型的转折点一般选在清水池或吸水井［图 4-34(*c*)］。由于沉淀(澄清)池和滤池间工作联系较为密切，因此布置时，应尽可能靠近，成为一个组合体，以便于管理。

采用折角型流程时，应注意日后水厂进一步扩建时的衔接。

回转型：回转型流程布置［图 4-34(*d*)］，适用于进出水管在一个方向的水厂(如在山沟里布置水厂)。回转型可以有多种方式，但布置时近远期结合较困难。

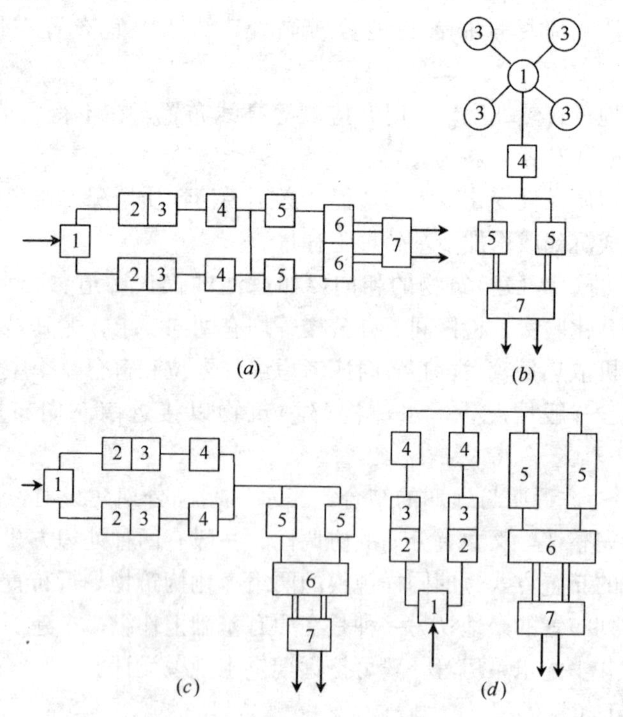

图 4-34　水厂平面布置示意图

(*a*)、(*b*)直线型；(*c*)折角型；(*d*)回转型

1—配水井；2—絮凝池；3—沉淀(澄清)池；4—滤池；5—清水池；6—吸水井；7—配水泵房

近年来，有些村镇水厂，将生产构筑物按流程连在一起，呈组合式进行布置，占地少，投资低，管理方便，可作为一个比选方案，因地制宜确定布置方式。

4.7.2 水厂竖向布置

水厂的竖向布置主要是确定构筑物及连接管(渠)的高程应根据厂区地形、地质条件，所采用的构筑物型式、周围环境以及进水水位标高确定。

净水构筑物的高程受工艺流程控制，由于村镇水厂规模小，各构筑物间的水流应为重力流，为保证各构筑物之间水流为重力流，必须使前后构筑物之间的水面保持一定高差，并要满足各构筑物工作水头、构筑物水头损失以及连接管(渠)水头损失的要求。附属建筑物可根据具体场地条件，按照平面布置要求进行布置，但应保持总体协调一致。

1. 布置形式

净水构筑物的高程布置，一般有图 4-35 所示的 4 种类型：

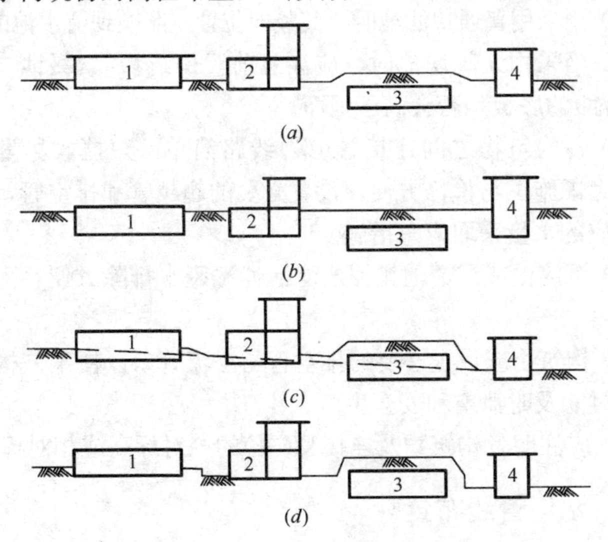

图 4-35 净水调节构筑物布置形式

1—絮凝沉淀池；2—滤池；3—清水池；4—配水泵房

(1) 高架式图 4-35(a)：主要净水构筑物池底埋设地面下较浅，构筑物大部分高出地面。高架式为目前采用最多的一种布置形式。

(2) 低架式图 4-35(b)：净水构筑物大部分埋设地面以下，池顶离地约 1m 左右。这种布置操作管理较为方便，厂区视野开阔，但构筑物埋深较大，增加造价和带来排水困难。当厂区采用高填土或上层土质较差时可考虑采用。

(3) 斜坡式图 4-35(c)：当厂区原地形高差较大，坡度又较平缓时，可采用斜坡式布置。设计地面从进水端坡向出水端，以减少土石方工程量。

(4) 台阶式图 4-35(d)：当厂区原地形高差较大，而其落差又呈台阶时，可采用台阶式布置。台阶式布置要注意道路交通的畅通。

2. 注意事项

(1) 应充分利用地形，当厂区地面有自然坡度时，竖向高程应按工艺流程从高到低布置，与地形坡向一致，力求挖、填方平衡。

(2) 当地形比较平坦时，清水池的竖向位置要适度，防止埋深过大或露出地面过高。

(3) 当采用普通快滤池时，其竖向位置应照顾到清水池的埋深。

(4) 当采用无阀滤池时，应注意前置构筑物(絮凝池、沉淀池或澄清池)的底板是否会高于地面。

(5) 各构筑物之间连接管(渠)线路简单、短捷，尽量减少交叉，并考虑施工与检修方便，设置必要的超越管和排空管，为保证必须供应的水量采取应急措施。

(6) 沉淀池或澄清池排泥及滤池冲洗废水排除方便，力求重力排污。

(7) 构筑物应设置必要的排空管与溢流管，以便某一构筑物停产检修时能及时泄空和安全生产。

(8) 应注明各构筑物及连接管(渠)的绝对标高或相对标高。

4.7.3 水厂管线布置

水厂的生产主要是水体的传送过程，因此水厂生产构筑物需要由各类管道、渠道沟通，以发挥各自的功能。因此在生产构筑物平面定位后，即需对厂区管(渠)进行平面和高程的综合布置，计算管(渠)的水头损失，以便进行水厂的竖向布置设计。

水厂的主要管线包括：

(1) 给水管线：

1) 原水(浑水)管线：指进入沉淀(澄清)池之前的管线，一般为两根。接入方式应考虑远期的协调和检修时(主要是指原水管的阀门检修)对生产运行的影响。原水管可以采用钢管、球墨铸铁管，由于阀门、配件、短管较多，故较少采用钢筋混凝土(预应力混凝土)管道。

2) 沉淀水管线：由沉淀池(澄清池)至滤池的管线，有两种布置方式：一种为架空(管道或混凝土渠道)，优点是水头损失小，渠道可作人行通道；一种是埋地式，可不影响池子间的通道。沉淀水管线通过的流量应考虑沉淀池超负荷运转的可能(如一部分沉淀池维修而加大其他沉淀池的负荷)。

3) 清水管线：指滤池至清水池之间的管线，承压较小，大型水厂也可采用低压混凝土渠道，采用渠道时应防止地面雨、污水的渗入。当设有清水池两座以上时，清水池之间常设有联络管线，联络管线由于在池底联通，故埋入较深，阀门安装困难，为此有采用虹吸管在池顶上予以联通的。配水泵房应尽可能设置吸水井，以减少清水池与泵房之间的联络管道。

4) 超越管线：超越管线在水厂内是一个重要环节。设计时应考虑到某一环节由于事故检修而停用时，不影响整个水厂运行。如超越沉淀池、滤池或超越清水池(特别是水厂只设一个清水池时)。见图 4-36：

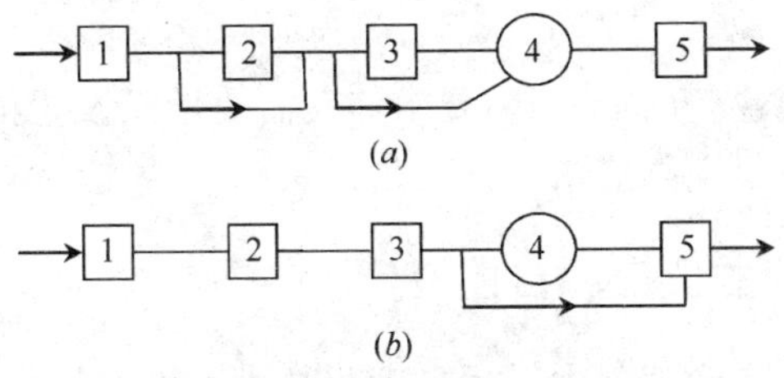

图 4-36 超越管线接法示意图

(a)超越沉淀池或滤池的接法；(b) 超越清水池的接法

1—取水泵房；2—絮凝沉淀池；3—滤池；4—清水池；5—配水泵房

(2) 排水管线：水厂的排水系统有三个方面：一是厂内的地面雨水的排除(亦包括山区的防洪排除)；二是水厂内生产废水的排除，包括沉淀(澄清)池的污泥排除、滤池冲洗水的排除、投药间废渣的排除等；三是办公室、食堂、浴室、宿舍等生活污水的排除。

上述三个排水系统一般采用分别设置。沉淀池排泥和滤池反冲洗排水应根据当地环保部门要求做出合理安排和处置。

雨水系统的设计，采用当地的设计频率和降雨强度。当附近有城市雨水管道时，可接入城市雨水管。在丘陵地区设置水厂时，必须十分注意防洪沟的设计，通常沿山脚地形，围绕厂区设置截洪沟渠，引排山洪至水厂下游。一般情况下，防洪沟不宜穿越厂区，以免造成对水厂的威胁。防洪沟通常在水厂围墙外侧，可采用石砌、砖砌、土坡明沟等形式。

当厂区附近有城市污水管道时，生活污水可接入城市管道，否则应设小型处理装置，如三格化粪池、沼气净化池等，经处理后接入雨水管道。

(3) 加药管线：加凝聚剂、加氯以及加氨，加碱等管线，往往敷设在浅沟内，浅沟上做盖板，加药管线的管材一般采用塑料管，以防止腐蚀。臭氧管线可采用不锈钢管或耐腐蚀的聚四氟乙烯管。

(4) 自用水管线：

1) 厂内自用水指水厂生活用水、消防用水、泵房、加药间等冲洗溶解用水，以及清洗水池用水，一般均单独自成管系，自配水泵房出水管接出。

2) 消防系统应满足消防要求，在需要地点设置消火栓。厂用水管口径应满足消防要求。

4.7.4 水厂的仪表和自控设计

净水厂在生产过程中采用自动化技术，不仅是为了节省人力，更主要的是加强各个生产环节的合理运行，提高出水水质，提高供水安全性，降低能耗，降低药耗，降低生产成本。为此水厂自动化设计已越来越受到重视，采用自动化技术的水厂也越来越多。

水厂的仪表和自动化设计，属于电气自动化专业，本节仅列给水专业人员在进行村镇水厂总体设计时，从工艺的运行管理要求出发，对于仪表配置和自动化设计所应考虑的基本内容。

1. 设置标准

净水厂的仪表设置标准，由于水处理工艺技术日益发展以及仪表质量日益提高和稳定，所以仪表设置也日趋充分和完备。村镇水厂一般规模较小，净化工艺较简单，对自动化控制的水平要求较低，现将规模较大、以地表水作水源的村镇净水厂自动化仪表的设置列表如下，见表4-13，以供参考。

自动化仪表设置标准 **表4-13**

水厂性质和规模	检测仪表		控制中心	仪表维修	
	工艺流程阶段	检测对象		设备	人员
供水规模大于5000m³/d的村镇水厂	(1) 原水浊度、pH值的指示记录 (2) 取水泵房吸水井液位及水泵出水压力的显示和记录 (3) 药液池、搅拌池液位的指示和报警 (4) 沉淀水浊度的指示和记录 (5) 滤池每格水头损失及滤后水余氯的指示和记录 (6) 清水池液位指示、记录和报警 (7) 配水泵房水泵出水压力的指示、记录 (8) 出厂水压力、浊度、余氯的指示、记录以及流量的指示、积算和记录		在取、配水泵房值班室内各设一块仪表屏，安装应列检测对象的一、二次仪表。在快滤池值班室内设PLC一套，对快滤池的运行实现程序控制	不设专门的仪表维修间，配置少量检修、校验仪器	1～2名

注：其中仪表的配置应根据工艺处理构筑物的设置而调整。

2. 分级控制

目前水厂自动化控制一般均采用分级控制：

第一级：为单项处理构筑物运行的自动控制。如根据水质参数自动投药，滤池自动冲洗和过滤调节，沉淀池根据泥位或时间自动排泥控制，根据清水池液位或出厂水压控制的取、配水泵房水泵的自动调节，要求自成系统用PLC或工业计算机来进行自动控制。

第二级：为全厂性的运转调度和检测监控。一般均在水厂中控采用计算机网络或PLC联网来采集各单项自动控制系统中的数据和状态，并根据各水厂自身运行要求特点，发出调度指令或直接对生产过程进行操作，使水厂处于优化运行状态。第二级控制是水厂自动化的大脑和神经中枢。

4.7.5 水质检验

有条件的集中式给水工程应根据工程具体情况建立水质检验制度，配备检验人员和检验设备，对原水、出厂水和管网末端水进行水质检验，并应接收当地卫生部门的监督。

化验室常用仪器及测定项目见表4-14。

化验室常用仪器及测定项目 **表4-14**

名称	测定项目	玻璃器皿
电子天平	称重	称量瓶、称量纸
紫外可见分光光度计	氨氮、亚硝酸盐、总氮、总磷、硝酸盐、挥发酚、合成洗涤剂、锰、铁（化学法）、总铬、叶绿素α、氰化物、砷	石英比色槽、具塞比色管、移液管、烧杯、分液漏斗、研钵
离子计	氯化物、硫化物、氟化物、pH值	烧杯、碘量瓶
浊度仪	浊度、硫酸盐	比色管
显微镜	藻类	棕色磨口瓶
冰箱	—	—
恒温培养箱	细菌、大肠杆菌、粪大肠菌群	—
恒温干燥箱	细菌、大肠杆菌、粪大肠菌群、药品配置、总固体、悬浮固体等	—
六联电炉	化学需氧量、嗅阈值、高锰酸盐指数	球形冷凝管、碘量瓶、三角瓶
恒温水浴锅	总固体、悬浮固体等	蒸发皿、漏斗
蒸馏水器	制备实验室用蒸馏水	—
通风橱	药品制备及样品处理	—
电动吸引器	细菌、大肠杆菌、粪大肠菌群	砂芯过滤装置
真空泵	叶绿素α、总固体、悬浮固体等	—
高温炉	有机物	坩埚、坩埚钳

续表

名　称	测定项目	玻璃器皿
计算机	日常数据处理	—
常规玻璃仪器	溶解氧、高锰酸盐指数、化学需氧量、色度、总硬度、甲基橙碱度、酚酞碱度、嗅味、总盐量、细菌总数、粪大肠菌群	—

4.7.6 道路与绿化

1. 道路

水厂道路占地面积约占水厂总占地面积的25%～35%。

(1) 道路分类：水厂道路一般分为三类：

1) 主厂道：主厂道是水厂中人员和物料运输的主要道路。主厂道应与厂外的入厂道路相连接，一直伸向厂区内某一适当地方。主厂道宽度一般为4～6m，两侧视总体布置的要求，设置办公楼、绿带、人行道等。

2) 车行道：车行道为厂区内各主要建筑物或构筑物间的联通道路，生产及生活所需的各种器材物品，可通过车行道运至各个地方。水厂的车行道一般为单车道，宽度常为4m左右，车行道常布置成环状，以便车辆回程，当水厂规模较小或无此种条件时，应在路的尽端结合建筑物的前坪设置回车场。

3) 步行道：步行道是水厂的辅助道路。它是满足厂内工作人员的步行交通及小型物件的人力搬运的需要，步行道的宽度一般采用1.0～1.5m。

(2) 道路的断面和路面设计：

1) 车行道一般采用：沥青混凝土路面、沥青表面处理路面、混凝土路面。

2) 步行道：水泥路面、绿地中的步行道可采用片石勾缝或混凝土预制板块。

各类道路均应有侧石及排放雨水的设施，各类道路断面形式和路面构造，可按当地习惯设计。

(3) 道路坡度：丘陵地带道路纵坡一般应在6%以下，最大不应超过8%，平坦地区纵坡一般为1%～2%，最小可为0.4%，以便于雨水排除。

2. 绿化

绿化是水厂设计中的一个组成部分，它是美化水厂环境的重要手段。水厂绿化占地面积应占水厂总占地面积的30%以上，常由下列三个方面组成。

(1) 绿地：是指块状地形的局部绿化面积。可由草地、绿篱、花坛和树木(乔木、灌木)配合组成。大面积绿地，中间可设建筑小品和人行走道形成小型花园。小块绿地可以布置为单独花坛。绿地的位置可以是：

1) 建筑物的前坪，如办公楼、食堂、进门附近，滤池或泵房的门前空地。

2) 道路交叉口，在道路的交叉口附近。

绿地可以用矮绿篱围界，中植草地，然后视面积大小进行乔木单株种植或成群栽植和灌木配栽。

(2) 花坛：指有规则的局部绿地布置，主要特点是配置色彩鲜艳的花卉，形成图案达到装饰和美化的目的。

花坛可以是圆形、矩形、多角形，花卉以多年宿根花卉为主。一个水厂花坛不宜过多，在重要部位能直到点缀作用。

(3) 绿带：利用道路与构筑物之间的带状地进行绿化布置，使绿带成为水厂绿化基本部分。绿带设计一般以草皮为主，靠路一侧用矮绿篱拦护，临靠构筑物一侧可以连栽一些灌木(如松柏之类)以隐掩一部分构筑物，在草地中可以断续配植一些条状或点状有色花卉。绿带要求有一定的宽度，最好在5m以上；绿带不要求对称，可以单侧布置；绿带可以随地表起伏，宽度上亦可有一定坡度；绿带布置要求绿草如茵，整齐简洁，而不宜繁琐零乱。

4.7.7 水厂布置实例

图4-37、图4-38为供水能力8000m^3/d地表水厂工艺流程图和平面布置图。根据厂址地形特点和位置，采用加压输水、变频加压供水方式。厂内主体构筑物网格絮凝斜管沉淀池、重力式无阀滤池、清水池呈直线型布置，加药间靠近网格絮凝斜管沉淀池，加氯

间布置在清水池西侧。水厂占地 7600m^2。

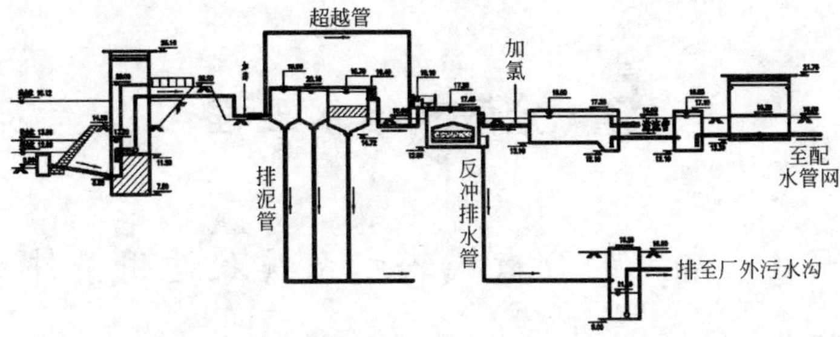

图 4-37 水厂高程布置示意图

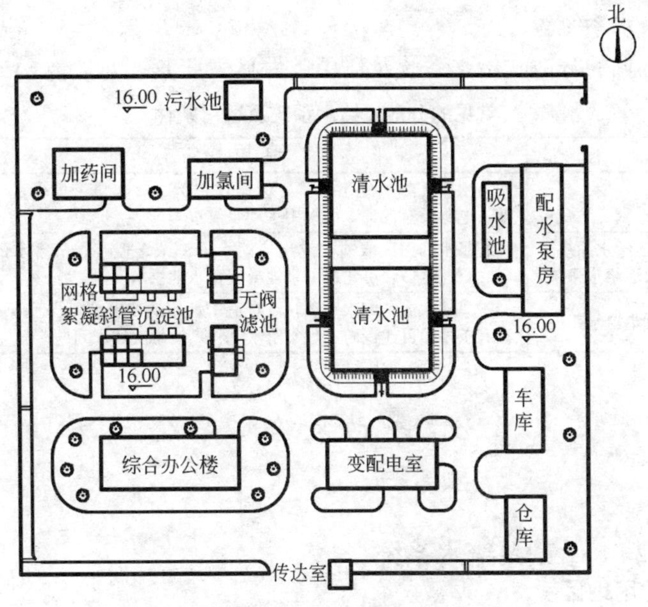

图 4-38 水厂平面布置示意图

5 分散式给水工程

5.1 常见的分散式给水系统及适用条件

无集中式给水工程的农村，可根据当地村庄整治的具体情况和需要，整治或新建分散式给水工程。目前我国农村常见的分散式给水系统包括：手动泵给水系统、引泉池或引蓄水池给水系统及雨水收集给水系统等。

常见的分散式给水系统及适用条件见表 5-1。

常见的分散式给水系统及适用条件 **表 5-1**

名　称	适用条件
手动泵给水系统	有水质良好的地下水源，但居住户数少，人口密度低，居住分散，电源没有保证，可采用手动泵供水
引泉池给水系统（引蓄水池给水系统）	有泉水的山区农村，或当地淡水资源缺乏但有季节客水的农村（如引黄灌区），可建造引泉池或引蓄水池供水
雨水收集给水系统	干旱缺水或苦咸水地区，没有适于饮用的淡水水源，远距离输水没有条件，可建造雨水收集给水工程，以解决饮水问题

5.2 手动泵给水系统

给水-24　手动泵给水系统

适用地区：

有水质良好的地下水源，但居住户数少，人口密度低，居住分散，电源没有保证的地区。

定义和目的：

以地下水为水源，设置手动泵提升供水的分散式给水系统。

技术特点与适用情况：

（1）水源井较浅，取水量不大，易于开凿。手动泵结构简单，耐用，易于制造，施工方便，但应加强水源卫生防护，注意排水和环境卫生。

(2) 给水系统简单，易于维修保养，便于管理，技术要求不高，使用可靠。

(3) 不用电源，缺电或少电地区尤为适用，弱含水层分布区也可建造。它的适应性强，是一种较好的小型分散式给水系统。

(4) 造价低廉，运行成本低。尤其是浅井手动泵系统，不用建造管井，构造简单，造价与成本更低。因此，手动泵系统在边远、缺电、经济条件差的地区，受到广大群众的欢迎。

标准与做法：

1. 手动泵给水系统的组成

手动泵供水是目前农村常见的一种分散式供水方式，该供水系统主要是由水源井、井台和手动泵组成。

水源井是地下水垂直取水构筑物，主要有大口井、管井。

手动泵是提水工具，可分为泵体在地上、依靠水泵吸程提取浅层地下水的浅井手动泵和泵体浸入水中(在动水层以下)、依靠水泵扬程提取深层地下水的深井手动泵。

(1) 浅井手动泵给水系统的组成

浅井手动泵给水系统主要由插入地下带滤水孔的吸水管与固定在地面上的手动泵体组成，如图 5-1 所示。

浅井手动泵吸水管的管径为 40～50mm，长度 8～12m，最下一段为滤水部分，一般按当地地层结构的情况来开滤水孔。最下端为一尖形锥体，称“井尖”，利用打入法来建造管井时，可作为造井的工具。尖形锥体由优质钢制成，可穿过卵石或薄层硬物质而不损坏井尖。

常用的浅井手动泵主要包括浅井活塞泵和浅井隔膜泵两种。

(2) 深井手动泵系统的组成

深井手动泵系统是以深层地下水为水源，用人工操作的手动泵提水的一种分散式给水系统，主要由水源井(管井)、井台、手动泵组成，如图 5-2 所示。

水源井(管井)是地下水取水构筑物，要求动水位(抽水水位)埋深小于 48m，出水量不小于 0.84m^3/h，以满足手动泵的抽水要求。

拉杆
活塞阀
泵缸
吸水阀
井台
≤7m
吸水阀
地下水位

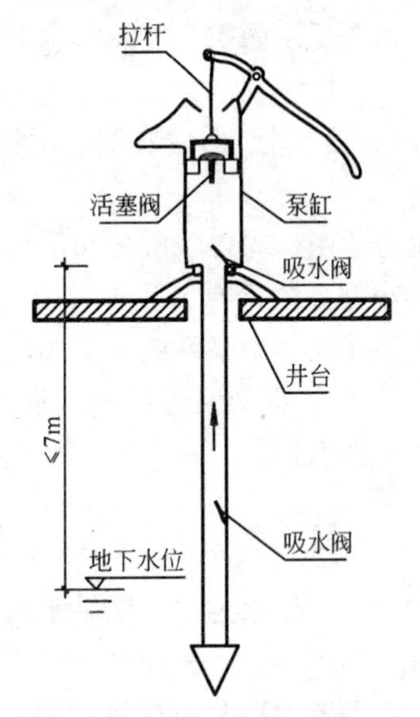

图 5-1　浅井手动泵系统的组成

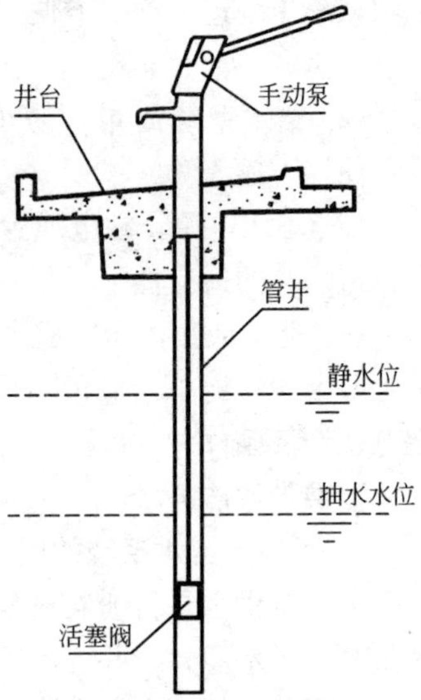

井台
手动泵
管井
静水位
抽水水位
活塞阀

图 5-2　深井手动泵系统的组成

井台主要是作为手动泵的安装基础，同时还可防止地表水渗入井内污染水源。

常用的深井手动泵主要包括深井活塞泵和深井螺杆泵两种。

2. 手动泵给水系统整治内容

手动泵给水工程主要存在问题包括：

(1) 水源保护措施不完善，无排水设施水源井的出水量与手动泵的提升能力不匹配。

(2) 井台老化支架松动或修建不合理。

(3) 手动泵部件老化，活塞水，隔膜漏水提水效果不好。

(4) 手动泵给水工程的整治内容针对上述问题，进行整改。主要包括水源井、井台和手动泵的整治。

3. 水源井

(1) 手动泵给水系统对水源井技术要求

1) 水源井井位的选定和打井应由具有一定资质和经验的专业单位完成。

2) 地下水水质良好，应符合《生活饮用水卫生标准》(GB 5749)

中规定的要求。

3）水源井的出水量要与手动泵的提升能力相适应，保证手动泵正常工作。要求出水量稳定，年度变化小，出水量要大于 0.84m^3/h，一般以 1.0～1.5m^3/h 为宜。

4）井内最枯地下水位(动水位)的埋深，不能大于手动泵的允许提水高度。浅井手动泵系统井内动水位要小于 7m；深井手动泵系统井内动水位要小于 48m。力争在最小降深的条件下，开采最大的出水量。

5）深井手动泵系统的水源井，井管直径要比泵体最大部分外径大 50mm；应严格按照饮用水水源井设计要求，认真做好非取水层与井口的封闭工作，以保证出水水质良好，防止污染。

6）为防止和减轻手动泵活塞或螺杆的磨损，井水中的含砂量要求小于 20mg/L。

7）井的使用寿命至少要保证正常供水 15 年以上。

8）在保证取水要求的前提下，尽可能降低工程造价。

9）应按相关规定要求，提供水文地质资料与水质资料，并由当地主管部门确认和签署能否作为饮用水源的意见。

（2）井位的选定

1）选定井位的原则

由于这种系统供水分散，井深较浅，取水量小，一般井距已超过影响半径，相互之间没有干扰，可不考虑井的平面和垂直布局，仅按单井水文地质条件和使用、保护条件，选定井位，进行管井设计即可。

井位宜选择在水量适宜、水质良好、环境卫生、运输方便、靠近用水中心、便于施工管理、易于排水、安全可靠的地点。

松散孔隙水分布地区，宜选在含水层厚度大、颗粒粗、取水半径小、没有洪涝和滑坡的居住区上游地区；采取裂隙水、岩溶水地区，宜选在裂隙、岩溶发育的富水地带。

2）井位的确定

井位确定的方法，宜根据具体地区的水文地质条件正确选定。在松散孔隙分布地区，若含水层厚度大，埋藏分布稳定，可按居民的居住分布和供水范围大小来确定井位。一般井位宜选在居民居住点的地下水上游、居民取水半径最小的位置。若含水层厚度小，埋藏分布不稳定，宜在水文地质调查的基础上，根据地形地物及地球物理前提条件，利用物探方法(一般常规电法即可)选定井位。井位宜在含水层厚度大、颗粒粗、离供水居民最近、便于施工和管理、没有洪涝、崩滑泥石流等灾害威胁的地方。在基岩(碎屑岩、可溶岩、变质岩、岩浆岩)地区，地下水埋藏分布很不均匀，井位很难确定准确，一般宜在水文地质调查的基础上，选用一种或几种适宜的物探方法(如常规电法、声频大地电场法、激发极化法、静电 a 卡杯法等)确定井位。井位宜选在断层裂隙发育的富水地带、岩溶裂隙发育的富水地带、不同岩性含水层接触富水地带，地下水富集的排泄带等，而且要在这些富水带的最富水部位。

(3) 水源井的卫生防护

1) 要设立卫生防护范围。

在水源井的 30m 范围内，不得设置渗水厕所、粪坑、垃圾堆、渗水畜禽圈等污染源，也不得用工业废水或生活污水灌溉防护范围内的农田，或使用持久性的农药和化肥。

2) 砌筑井台，防止地表水流入井内。

3) 水源井周边应保持环境卫生，并应有排水设施，做好排水，加强环境卫生。

4. 手动泵井台

井台既作为手动泵的基础，还可防止地表水渗入污染水源，同时还可收集取水时滴、洒的水，顺排水沟排出。

井台应高出井口 10～20cm，一般多建成直径 120～150cm，壁高 10～15cm 的混凝土圆形浅池，池底坡度 1∶30，坡向排水沟。如排水没有出路，则应在排水沟末端建造渗水坑。渗水坑至水井的距离，一般不小于 30m，以防污染水源。在井台周围应建围栏，加以保护。

手动泵必须安装在坚固的混凝土基础上，在泵体的周围修建井台，形成一坡度的水池，并建一排水槽，及时把洒到外面的水排出去。井台给泵的支架提供了一个坚固的基础，并在泵的周围形成一个卫生的密封体，防止地表水渗入井内而引起井水污染。因此，在修建井台时，必须保证井台没有任何裂纹，也要保证泵的支架牢固，其上平面必须水平。

洒在泵外多余的水，应通过排水沟进入渗水池或引入菜园和自然排水沟，以防止泵的周围积蓄污水，造成细菌繁殖。渗水池距井台的距离不能小于30m，如果建造一个牲畜饮水池或洗衣池，那与泵的距离不得小于10m。

5. 手动泵

（1）手动泵类型及适用条件

在我国手动泵的使用量非常大，主要分布在华北和中南地区，由于使用广泛，在其不断生产和改进过程中，已具有一定的可靠性和耐用性。其结构简单、制造容易、造价低廉、使用维修方便，深受广大群众欢迎。

手动泵按其工作原理和结构可划分为：

1）活塞泵：依靠活塞往复运动而抽送液体的泵。

2）隔膜泵：依靠隔膜往复运动而抽送液体的泵。

3）螺旋泵：依靠螺旋杆转子在内螺旋定子中旋转而抽送液体的泵。

手动泵按其抽水深度可分为：

1）浅井泵：工作部件(活塞或隔膜)在地面以上，依靠吸程工作的泵，其提水深度在7m以内。如图5-3、图5-4所示。

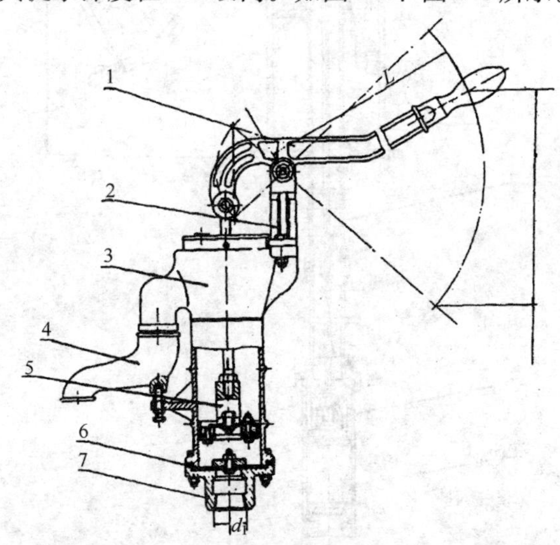

图5-3 浅井活塞泵简图

1—手柄；2—支架；3—泵体；4—出水接头；5—活塞；6—进水阀门；7—进水接头

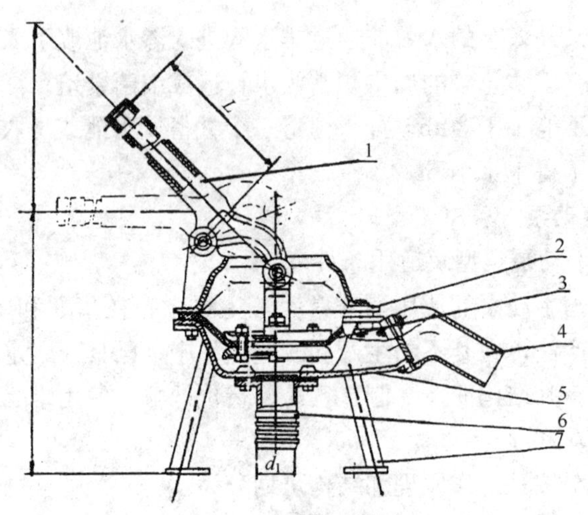

图 5-4 隔膜泵简图

1—手柄；2—泵盖；3—隔膜；4—出水接头；5—泵体；6—进水接头；7—泵架

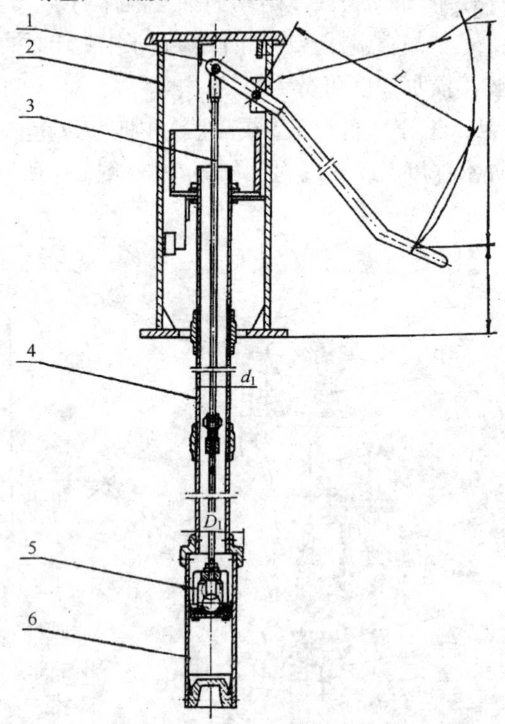

图 5-5 深井活塞泵简图

1—手柄；2—泵头；3—拉杆；4—排水管；5—活塞；6—泵缸

2）深井泵：工作部件(活塞或螺旋)在地面以下(在动水位以下)，依靠扬程工作的泵，其提水深度在40～50m。如图5-5、图5-6所示。

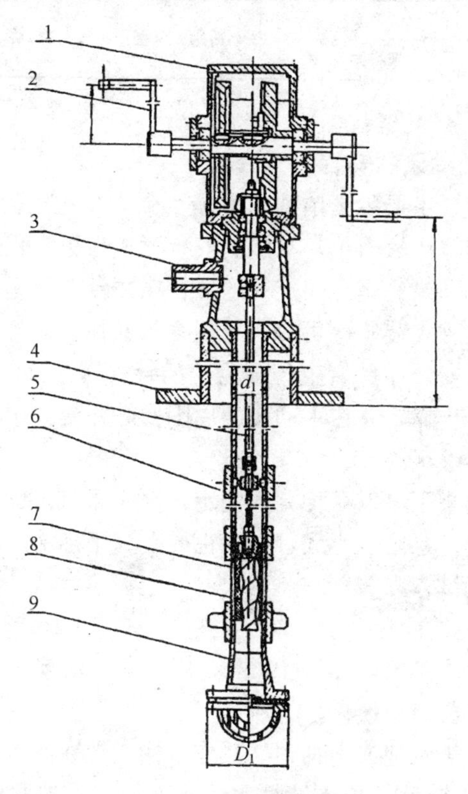

图5-6　螺杆泵简图

1—齿轮箱；2—手柄；3—出水接头；4—泵座；5—传动轴；6—挠性轴；7—定子；8—转子；9—底阀组装

手动泵类型及适用条件见表5-2。

手动泵类型及适用条件　　**表5-2**

手动泵类型			适用条件
浅井手动泵	活塞泵	单缸	适用于浅层地下水，取水深度小于7m。每次抽水需向活塞上部注水，如使用已污染的水则易造成污染
		双缸	
	隔膜泵	单作用式	适用于浅层地下水，取水深度小于7m。在隔膜泵工作初期不必注水，通过自身工作就可排出管道
		双作用式	

续表

手动泵类型		适用条件
深井手动泵	活塞泵	适用于深层地下水，取水深度小于 50m
	螺杆泵	

(2) 手动泵的安装

1) 浅井手动泵的安装

浅井手动泵主要用于单独家庭或少数人(一般为 10～20 人)使用，所以安装也比较简单，一般的安装形式为法兰联接即预先打好井，然后按手动泵底座上固定孔的位置在井台上预埋固定螺栓，最后再装泵。这种安装坚固可靠，可供多人共用。图 5-1 为直接利用井管将手动泵安装在井台上，即为“插管井”，安装后必须将吸水管(井管)固定牢靠，并在手动泵的周围修好井台。这种安装方式比较简单，但不够牢固。

浅井手动泵不论以哪种方式固定，都应建造井台，一般用混凝土建造，以保证泵固定牢固，同时也要有利于排水。

安装与调试

① 安装前的检测：

在泵缸内注满水，停留 10min，底阀应不渗漏，若有渗漏，应进行检查，必要时更换；

将泵头置于水池或水桶中，操作手柄，观察抽水是否正常。

② 新泵安装后，应连续抽水 100 次以上，把井底的污浊水和含砂水抽尽，直至出水成为能饮用的清水为止(相当于洗井)。尤其是“插管井”，更应认真处理。

③ 卸下活塞、底阀等进行彻底清洗，如发现密封环因抽汲污浊水和含砂水磨损严重时，应更换。

④ 每次使用前添加的引水，必须清洁卫生。

2) 深井手动泵的安装

深井手动泵与浅井泵相比，其结构复杂，使用人多(一般可达 200～300 人，最多可达到 500 人以上)，工作时间长，所以安装的技术要求高。目前使用最多的是深井活塞泵，不论何种型号，其安装方法基本一致，现以新内-2、SB-60 深井手动泵为例，来说明深井手动泵的安装要求和程序。

① 安装技术要求

安装深井手动泵的水源井，其井壁管直径不得小于100～160mm。

手动泵支架必须牢固在混凝土基础上。

手动泵周围应按要求建造井台。

手动泵的排水应有适宜出路，如排入渠道、水体，否则应在30m以外建造渗水池。

泵缸顶部要求安装在动水位1m以下。

寒冷地区可在输水管上部开防冻孔，防冻孔直径1～1.5mm，其位置在冰冻线以下。提升水完毕后，小孔可将上部水泄入井内，防止冻坏泵头和输水管。

② 安装前的准备工作

拆下泵缸内的活塞和底阀，检查清洗后重新装好。

在泵缸内(抽出活塞)注满水，平稳停放10min，底阀不应渗漏，否则应重新装配或更换密封件。

在水桶中做泵缸抽水试验。

检查输水管、管箍、拉杆的螺纹是否完整，并进行清洗和整修。

装泵前按卫生要求对井进行消毒。

③ 安装程序

在井口周围挖一深坑，将泵支架安装在井壁管上后，浇筑深40cm、边长60cm的方形混凝土基础(水泥：砂：碎石＝1：2：4)，将支架固定牢固，并建造井台。

按产品说明书，安装泵缸、输水管和泵头。

安装后检查。要求手柄动作可达到上下终止点，拉杆在导向套内自由运动，并检查出水量，即以每分钟40次的频率操作手柄，操作一定时间，计量这段时间出水量，折算成每小时出水量，看是否达到说明书标定的出水量。

维护及检查：

手动泵给水系统的维护与检查重点是手动泵的维护与保养。

1. 浅井手动泵

(1) 经常检查并拧紧所有的螺栓、螺母，必要时进行更换；

(2) 保持手动泵周围清洁卫生，井台若有损坏应及时补修；

(3) 若发现出水量有明显减少，应卸下活塞，检查底阀是否泄漏；活塞环是否磨损，上阀门是否损坏等，必要时进行更换；

(4) 在寒冷地区冬季使用时，每次用完后必须抽出活塞，排尽缸筒和井管中的余水，以防冻坏手动泵。

2. 深井手动泵

经常性的维护保养由手动泵的看护人员进行，要求每周进行一次，主要内容为：

(1) 拧紧地面上机械部分的全部螺栓、螺母，必要时进行更换；

(2) 打开泵头前盖，清理泵头内部的杂物；

(3) 检查手柄有无横向窜动，必要时进行调整；

(4) 使用钢丝刷和砂纸，清除所有泵头内外的铁锈并涂防锈脂；

(5) 如果井台出现裂纹，用水泥及时填平，并检查泵的支座与基础的联接是否牢固，如有松动应通知乡镇级的维修人员，共同排除。

5.3 引泉池给水系统

给水-25 引泉池给水系统

适用地区：

有泉水的地区。

定义和目的：

以山泉水为水源，建造引泉池和供水管道供水的分散式给水系统。

技术特点与适用情况：

在有条件的地区，选用泉水作为中、小型供水系统的水源是比较经济合理的。泉水水质好，取集方便，大大节约了设施费用，也便于日常的运营管理。特别对于云南、福建、广东、广西等省的一些山区，泉水出露较多，不仅水质好，水量能保证，而且水源水位有一定的高度，可实现重力供水。

标准与做法：

1. 引泉池给水系统的组成

引泉池给水系统通常由水源(泉水)、引泉池(亦称泉室)和输配水管线组成。

2. 引泉池给水系统整治内容

引泉池给水工程主要问题包括：引泉池不密封、漏水，集水不畅甚至堵塞，无通气管、溢流管以及输配水管线等问题，整治内容主要是针对这些问题进行整治。输配水管道问题的整治参见本手册集中式给水方式相关章节内容。本节重点介绍引泉池的整治内容及方法。

3. 引泉池构造

引泉池一般分为两种，一种是集水井与引泉池分建，靠集水井集取泉水，引泉池仅起贮存泉水作用；如图5-7所示；另外一种是不建集水井，靠引泉池一侧池壁集取泉水，如图5-8所示。

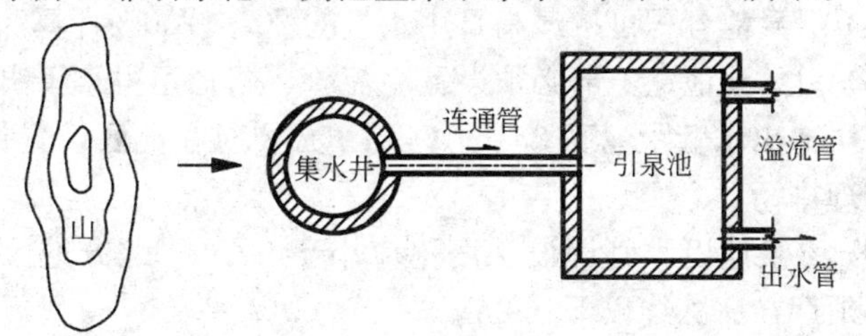

图5-7　引泉池构造示意图(一)

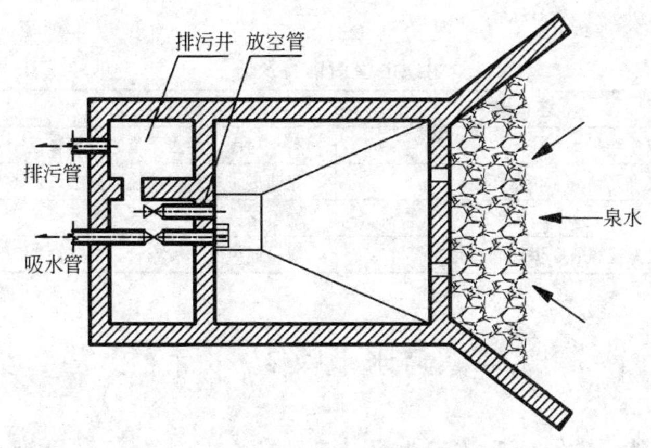

图5-8　引泉池构造示意图(二)

4. 引泉池技术要求

(1) 保证水质的稳定

设计前应对泉水出露处的地形、水文地质条件等进行实地勘察，并掌握实际资料，确定水源的补给条件及泉水类型，以便最大限度地截取泉水。为了增加出水量，也可采用爆破法，增加裂隙岩层缝隙的宽度或造成新的裂隙。

(2) 为保证水质卫生，引泉池必须设顶盖封闭，并设通风管。

通风管管口宜向下弯曲，管口处包扎细网详见图 4-31。引泉池进口、人孔孔盖、门槛应高出地面 0.1～0.2m。池壁应密封不透水，壁外用黏土夯实封固，黏土层厚度为 0.3～0.5m。引泉池周围应做不透水层，并要求以一定坡度坡向排水沟，以便排水。

(3) 采用池壁集取泉水方式时，为保证集水的可靠性，在集取泉水的池壁一侧先放置颗粒较大的砾石，向外依次再放置粒径较小的砂石层，以避免砂石对池壁进水孔的堵塞。

(4) 引泉池容积可按最高日用水量的 20%～50%计算。

(5) 引泉池池壁上部必须设置溢流管，管径不得小于出水管管径。引泉池出水管距池底 0.1～0.2m。必要时在池底设置排空管，以便清理排污。

(6) 引泉池出水管埋设深度不应小于 0.8m，北方地区出水管管顶必须埋在冰冻线以下 0.2m。

5. 引泉池整治

引泉池整治内容及方法见表 5-3。

引泉池整治内容及方法　　表 5-3

整治内容	整治方法
池底或池壁漏水	黏土封固，漏水严重的重新修建
池壁进水孔堵塞、集水不畅	疏通进水孔后，按前述方法设置砾石层
引泉池无顶盖	增设顶盖
有顶盖无通风管、溢流管、排空管等	增设通风管、溢流管、排空管

5.4 雨水收集给水系统

自然界的水处于不断循环中。大气中的水蒸气达到饱和状态时，在冷却过程中凝结形成降水，以雨、雪或冰雹的形式降落到地面。一个地区的降雨量以一年、一个月、一个小时均匀覆盖在平地上的雨水深度来表示，常用mm作计量单位。我国降水量以南部和东南部为多，随着向北和向西北的方向而递减，甘肃、宁夏及新疆等地降水量最少。降水由于水量不定，收集和贮存不便，仅在地表水和地下水都缺乏的干旱地区及缺乏淡水的海滨、小岛，才贮集雨水作为供水水源。

在干旱高原沟壑地区，地下水埋藏很深，不易开发；海滨、小岛则缺乏淡水资源。这些地区的广大群众，在长期与干旱缺水的斗争中，创造了许多收集雨水的办法，作为解决生活饮用水的必要手段。

由于雨水的截流、收集、贮存都有一定要求，因此应根据当地的地形、环境、房舍条件等，选择从屋顶和从地面收集雨水，或两种方式组合收集雨水。

给水-26　雨水收集给水系统

适用地区：

地表水和地下水都缺乏的干旱地区及缺乏淡水的海滨、小岛。

定义和目的：

通过收集贮存雨水以满足用水需要的分散式给水系统。

技术特点与适用情况：

(1) 利用屋面、庭院、场地及其道路收集雨水，兴建水窖等蓄水设施，通过简单处理后，供人畜生活用水。

(2) 规模小、造价低，适宜农村单户或几户供水。

技术局限性：

(1) 雨水在收集过程中往往将泥砂、人畜废弃物等污染物带入蓄水设施中，收集的雨水易受到污染。

(2) 规模小，水质处理较为困难。

标准与做法：

1. 雨水收集给水系统的分类与组成

雨水收集系统依据雨水收集场地的不同，可分为屋顶雨水收集系统与地面雨水收集系统两类，分别如图 5-9 与图 5-10 所示。

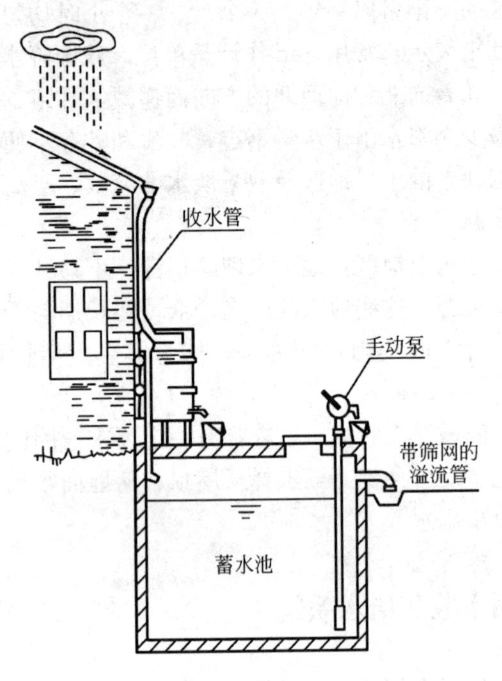

图 5-9　屋顶雨水收集系统示意图

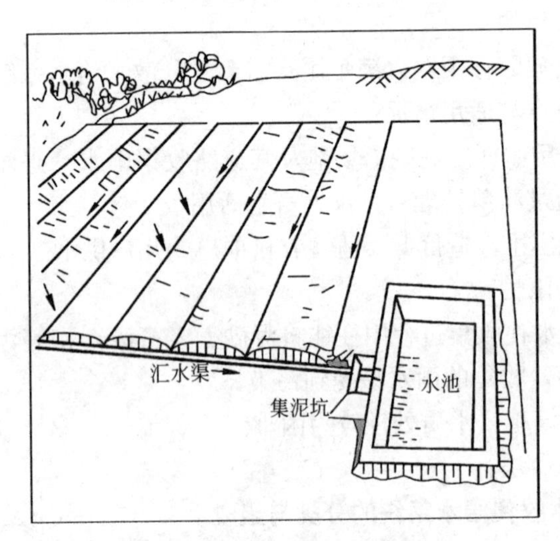

图 5-10　地面雨水收集系统示意图

屋顶雨水收集系统由屋顶集流面、集水槽、落水管、输水管、简易净化装置(粗滤池)、蓄水池、取水设备组成。多为一家一户使用。

地面雨水收集系统由地面集水面、汇水渠、简易净化装置(沉砂池、沉淀池、粗滤池等)、蓄水池、取水设备组成。一般可供几户、几十户、甚至整个小村庄使用。

2. 雨水集流面的设计

(1) 雨水集流面的技术要求

1) 屋顶集流面

屋顶集流面是收集降落在屋顶的雨水，因此对屋顶的建筑材料有一定的要求，宜收集黏土瓦、石板、水泥瓦、镀锌铁皮等材质屋顶的水，而不宜收集草质屋顶、石棉瓦屋顶、油漆涂料屋顶的水，因为草质屋顶中会积存微生物和有机物，石棉瓦板在水冲刷浸泡下会析出对人体有害的石棉纤维，油漆不仅会使水中有异味，还会产生有害物质。

集水槽宜用镀锌铁皮制作。塑料管在日光照射下容易老化，不宜使用。

屋顶集流面的集水面积，应按集水部分屋顶的水平投影面积计算。

2) 地面集流面

地面集流面是按用水量的要求在地面上单独建造的雨水收集场。场地地面应作防渗处理，最简单的办法是用黏土夯实，也可用其他防水材料如塑料膜、膨润土、混凝土等，但应注意不能增加水的污染。为保证集水效果，场地宜建成有一定坡度的条型集水区，坡度不小于 1∶200，在低处修建一条汇水渠，汇集来自各条型集水区的降水，并将水引至沉砂地。汇水渠坡度应不小于 1∶400，并应有足够的断面，注意防渗。

(2) 设计供水规模(年用水量)计算

设计供水规模即年用水量，应根据年生活用水量、年饲养畜禽用水量确定。

1) 年生活用水量

可根据用水人口数和表5-4中居民平均日生活用水定额计算确定。

居民平均日生活用水定额　　表5-4

分　区	半干旱地区	半湿润、湿润地区
生活用水定额(L/人·d)	20～30	30～50

2）年饲养畜禽用水量，可根据饲养畜禽的种类，数量和表5-5中平均日饲养畜禽用水定额计算确定。

平均日饲养畜禽用水定额　　表5-5

畜禽种类	牲畜	猪	羊	禽
饲养畜禽用水定额(L/头·d)	30～50	15～20	5～10	0.5～1.0

（3）集流面面积的计算

雨水集蓄供水工程中，所需集流面的面积大小与设计供水规模（年用水量）、年降水量、集流面材质有关，可按公式(5-1)计算：

$$F=\frac{1000WK_1}{P\varphi} \tag{5-1}$$

式中　F——集流面面积（以水平投影面积计），m^2；

W——设计供水规模，m^3/a；

K_1——面积利用系数，1.1～1.2；

P——保证率为90%时的年降雨量，mm；

φ——迳流系数，可参照表5-6确定。

不同类型集流面在不同降雨地区的迳流系数　　表5-6

年降雨量(mm) / 迳流系数 / 集流面材质	250～500地区	500～1000地区	1000～1800地区
水泥瓦屋顶	0.65～0.85	0.70～0.85	0.80～0.90
烧瓦屋顶	0.40～0.55	0.45～0.60	0.50～0.65
水泥土	0.40～0.55	0.45～0.60	0.50～0.65
混凝土	0.75～0.85	0.75～0.90	0.80～0.90
裸露塑料膜	0.85～0.92	0.85～0.92	0.85～0.92
自然坡面	0.08～0.15	0.15～0.30	0.30～0.50

3. 简易净化设施

(1) 屋顶雨水收集系统

屋顶集水的水质比地面集水水质稍好，但多在房前屋后，受占地条件限制。这种系统的净化设施，多采用简易滤池，其构造如图 5-11 所示。

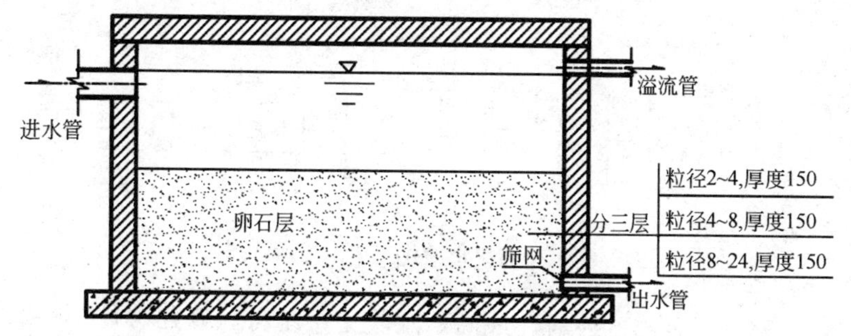

图 5-11 简易滤池构造示意图

简易滤池一般为 0.6m×0.4m×0.8m 的长方形池子，内填粗滤料，自上至下粒径是由小至大，依次为 2～4mm、4～8mm、8～24mm 的粗砂、豆石和砾石，每层厚 150mm。出水管管口处装有筛网。池子结构多由砖、石砌筑，内部以水泥砂浆抹面。简易滤池顶部应设木制或混凝土盖板。

运行一段时间后，当发现出水变浑浊或出水管出水不畅，水自溢流管溢出时，应清洗滤料。清洗时尽可能分层将滤料挖出，分别清洗，清洗后再依粒径先大后小的顺序，放入池内，每层均匀铺平。

(2) 地面雨水收集系统

地面雨水收集系统与屋顶集水雨式相比较，一般水量较大，水质稍差，但场地较为宽敞。为了保证水质，有条件的地方均应进行净化处理。

经济条件好、供电有保证的农村，可采用图 5-12 所示的净化工艺流程。

对于有经济条件、供电没有保证的农村，可采用图 5-13 净化工艺流程。

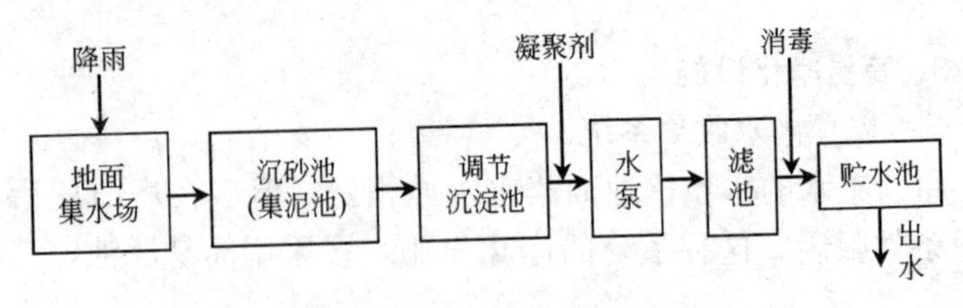

图 5-12 地面集水净化工艺流程示意图(一)

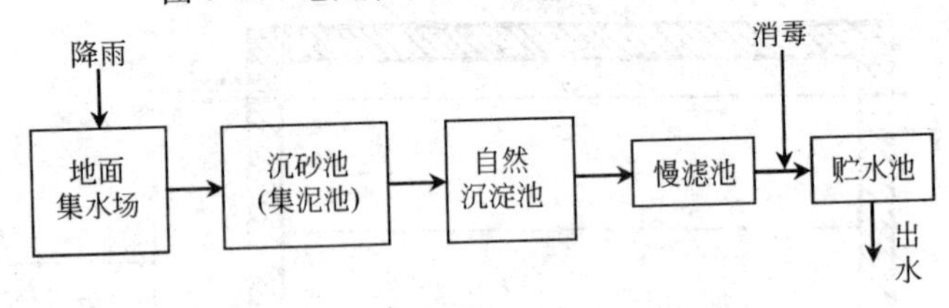

图 5-13 地面集水净化工艺流程示意图(二)

经济条件差的农村，地面雨水收集系统可只修建沉砂池(集泥池)与自然沉淀池，进行简易净化处理。

沉砂池(集泥池)连接汇水渠，当水流入池内后，由于过水断面扩大，流速降低，降雨初期集水中所含颗粒较大的泥砂可在池内沉降下来，以减少沉淀池的负荷。沉砂池容积较小，可用砖、石砌筑，对于防渗的要求不高。雨停后要及时掏挖，清除淤积的泥砂。

自然沉淀池、慢滤池、接触滤池的设计与管理要求、请参阅本书相关章节。

此外、沉砂过滤池作为一种综合的简易净化设施，用于雨水收集系统中水质的净化，也是行之有效的。沉砂过滤池一般用砖、石砌筑，内部用水泥砂浆抹面，其构造如图 5-14 所示。进水管、出

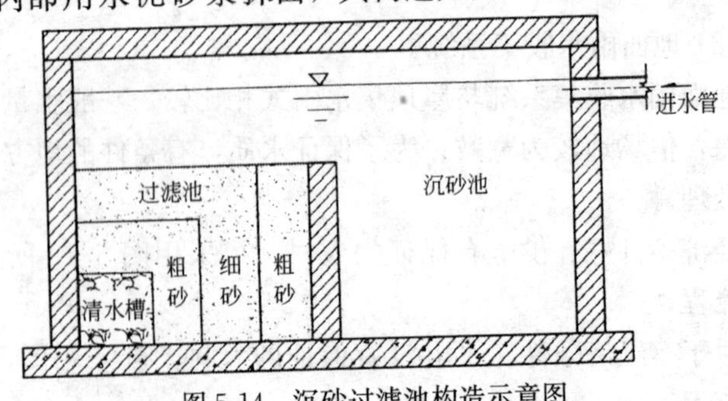

图 5-14 沉砂过滤池构造示意图

水管可用钢管、塑料管等，也可用砖砌小方沟。池内装填砂滤料，滤料定期清洗，以保证进贮水池水的水质。

4. 蓄水池设计

蓄水池俗称水窖、水柜，用以收集、贮存雨水，以供饮用。它可分为地下式、半地下式和地面式三种形式，可用钢筋混凝土建造，也可用砖、石砌筑。

大型蓄水池的设计与清水池相近，可参阅集中式给水工程有关章节，本部分着重介绍分散式的小型蓄水池(水窖)。

(1) 蓄水池(水窖)容积的计算

蓄水池蓄水容积应能满足干旱缺水期间饮用水的需要，因此与干旱缺水天数、用水量定额、用水入口的多少等因素有关。蓄水池的容积可按下式计算：

$$V=K_2\frac{W}{12}T \tag{5-2}$$

式中 V——蓄水池容积，m^3；

K_2——容积利用系数，1.2～1.4；

W——年用水量，m^3/a；

T——每年干旱月数，月。

(2) 蓄水池结构形式

地面式、半地下式蓄水池或容积较大的地下式蓄水池，一般建造成圆形或矩形水池，可用现浇钢筋混凝土建造，也可用砖、块石砌筑。

水窖按其构造形状，一般可分为井式水窖和窑式水窖两类。

1) 井式水窖

井式水窖又称井窖，形似水井，口小肚大，是我国西北地区采用最多的一种地下式蓄水构筑物。一般规格：口径 0.4～0.5m，底径 1.0～2.0m，窖身直径 2.0～4.0m，总深度 6～9m，蓄水容积 10～50m^3。井式水窖按其形状又可分为缸式水窖和瓶式水窖。

缸式水窖见图 5-15 和表 5-7：

瓶式水窖见图 5-16 和表 5-8：

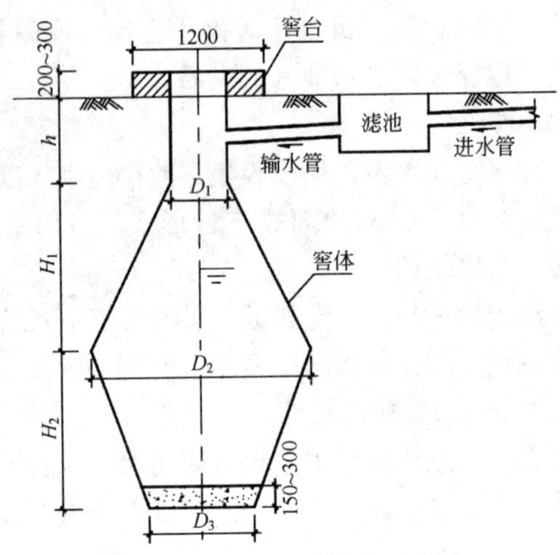

图 5-15 缸式水窖构造示意图

缸式水窖主要尺寸 **表 5-7**

主要尺寸						工程量			材料量			
容积 (m^3)	D_1 (mm)	D_2 (mm)	D_3 (mm)	H_1 (mm)	H_2 (mm)	混凝土 (m^3)	砂浆 (m^3)	土方 (m^3)	水泥 (kg)	砂 (m^3)	石 (m^3)	白灰 (kg)
7.8	400	2000	1000	2500	2500	0.672	0.22	7.8	456	1.11	0.50	89
24.0	400	2000	1500	3500	3500	0.962	0.32	24.0	365	1.41	0.75	109
39.4	500	3500	2000	4000	4000	1.372	0.60	39.4	580	2.21	1.11	166
54.6	500	4000	2000	4500	4500	1.372	0.77	54.6	654	2.51	1.11	201

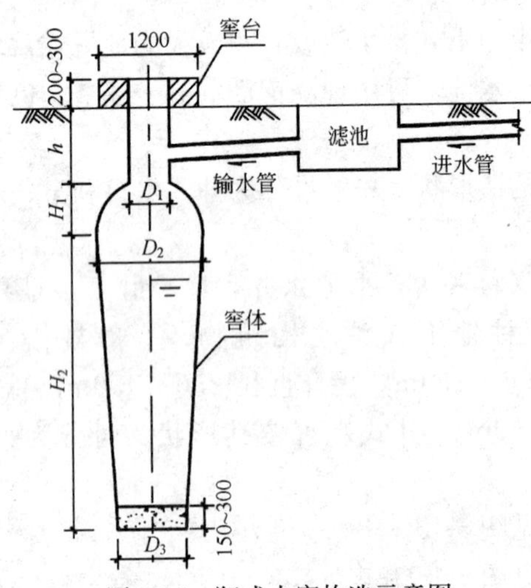

图 5-16 瓶式水窖构造示意图

瓶式水窖主要尺寸 表 5-8

主要尺寸						工程量			材料量			
容积 (m^3)	D_1 (mm)	D_2 (mm)	D_3 (mm)	H_1 (mm)	H_2 (mm)	混凝土 (m^3)	砂浆 (m^3)	土方 (m^3)	水泥 (kg)	砂 (m^3)	石 (m^3)	白灰 (kg)
7.5	500	2000	1000	1000	3000	0.672	0.18	7.5	237	0.92	0.50	81
15.9	500	2500	1500	1600	4000	0.962	0.32	15.9	411	1.41	0.75	110
27.3	600	3000	1600	2000	5000	1.032	0.47	27.3	466	1.71	0.81	141
42.0	600	3500	1800	2000	6000	1.192	0.72	42.0	592	2.31	0.95	192

缸式水窖与瓶式水窖的建造方法相同，要求土质黏结性好，质地坚硬，远离地层裂缝、沟边、沟头、陷穴。施工时，先在地面放窖口线，然后按构造尺寸，垂直下挖至设计深度。窖口中心与窖底口心偏差不得大于 10cm。按设计尺寸挖成窖体后，需进行防渗处理，一般做法是先除去窖壁浮土，用木锤拍实，然后喷水湿润，抹 M2.5 白灰砂浆底层，厚 1cm，最后再抹 M10 水泥砂浆三层，三次总厚 1.5cm。为防止渗漏，必须在前次砂浆凝固后，再抹第二层，而且要求每层一次连续抹完。窖底浇注 C10 混凝土，厚 15～30cm。

2）窑式水窖

窑式水窖又称长方形拱顶水窖，埋在地下，一般窖长 8～10m，窖宽 2m，窖高 1.5～2.5m，窖底有 1∶500 左右纵坡，坡向排污管，在我国西南地区较为常用。主要尺寸见表 5-9：

长方形拱顶水窖主要尺寸 表 5-9

底宽(mm)	净高(mm)	拱厚(mm)	墙厚(mm)	墙基深(mm)	底板厚(mm)	隔墙厚(mm)
2000	1500	350	400	400	150	500
2000	2000	350	500	400	150	600
2000	2000	350	600	400	150	700

窑式水窖多用浆砌块石砌筑，以 M5.0 水泥砂浆抹面；窖壁与窖底用 M7.5 或 M10.0 水泥砂浆抹面，厚 3cm；也可用砖砌筑。西北地区也有的挖筑土窖，要求土质好，土层深厚，形状和窑洞相似，防渗层做法同井式水窖。

5. 取水设备

1）专用水桶绳索取水

庭院内或住房附近的井窖，可将专用水桶系在绳索上，用手提取或用辘轳绞水。

2）水龙头取水

地面式蓄水池或窑式水窖，可在出水管上安装水龙头，从水龙头放水，用桶接取。

3）手动泵取水

地下式水窖可在窖口处安装手动泵，将水压入桶内取用。半地下式水池或水窖，由于位置较高，也可在手动泵出口处接塑料管，将水直接压送至屋内水缸中。还可以用虹吸管从池内取水。

4）微型泵取水

经济条件较好、供电有保证的农村，可安装微型水泵及管道，从窖内取水。若管道配套，接入室内，就成为独立的小型给水系统。

6. 雨水收集系统整治内容及方法

集水场的整治应符合下列规定：

(1) 集水能力应满足用水量需求，并应与蓄水池的容积相配套。

(2) 集水面应采用集水性好的材料。

(3) 集水面的坡度应大于0.2%，并设集水槽(管)或汇水渠(管)。

(4) 集水面应避开畜禽圈、粪坑、垃圾堆、农药、肥料等污染源。

(5) 蓄水池可参见集中式给水工程有关调蓄构筑物的整治要求。

维护及检查：

雨水收集给水系统的维护及检查主要是集流面的日常维护管理。

(1) 应经常清扫树叶等杂物，保持集流面与集水槽(或汇水渠)的清洁卫生。

(2) 定期对地面集流面进行场地防渗保养和维修工作。

(3) 地面集流面应用栅栏或篱笆围起来，防止闲人或牲畜进入将其损坏。上游宜建截流沟，防止受污染的地表水流入。集流面周围种树绿化，可防止风沙。

(4) 采用屋顶集流面时，为保证水质，应在每次降雨时排弃初期降水，再将水引入简易净化设施。

5.5 分散式给水的消毒

为保证饮用水的水质卫生，分散式供水，也应因地制宜，加强水质消毒。饮用水必须经过消毒才可使用。目前农村常用的消毒剂为漂白粉或漂粉精，形态为固体粉末状或固体块状。有下列两种投加法：

(1) 间歇法

间歇法是按照用水情况，每隔适当时间，将稀释后的漂白粉溶液直接投入水中，并将水搅动，30min 后测定水中余氯，使水中余氯含量保持在 0.3～0.5mg/L 即可。当水中余氯含量小于 0.05mg/L 时，应重新投加漂白粉溶液。投加量与蓄水量和水质有关。一般每立方米水中投加漂白粉(以商品计)8～10g 即可。

(2) 持续法

1) 无动力消毒装置

无动力消毒装置可直接安装在给水管道上，定期向装置中投加药片，如图 5-17、图 5-18 所示。该方法简单方便，可保持较好的消毒效果。

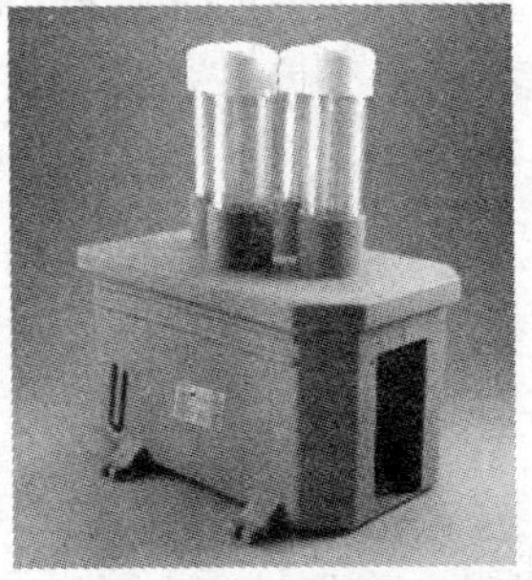

图 5-17　无动力消毒装置示意图

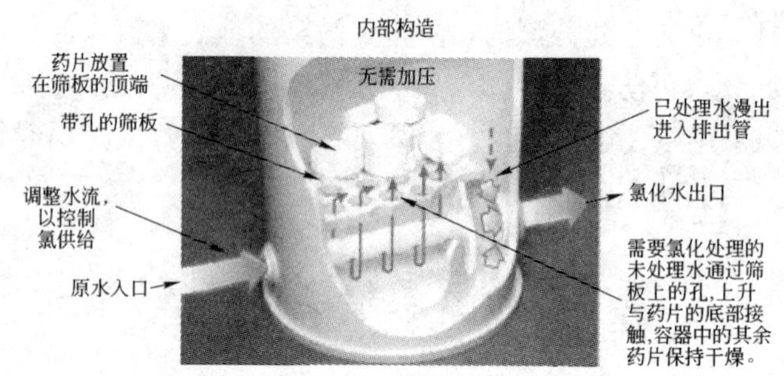

图 5-18　无动力消毒装置内部构造示意图

2）简易容器持续消毒法

将配制好的漂白粉消毒液装入开小孔的容器(如塑料瓶)内，容器漂浮在水面上，取水时水面上下波动，使消毒液从小孔流入水中进行消毒，这种方法简便易行。如图 5-19 所示：

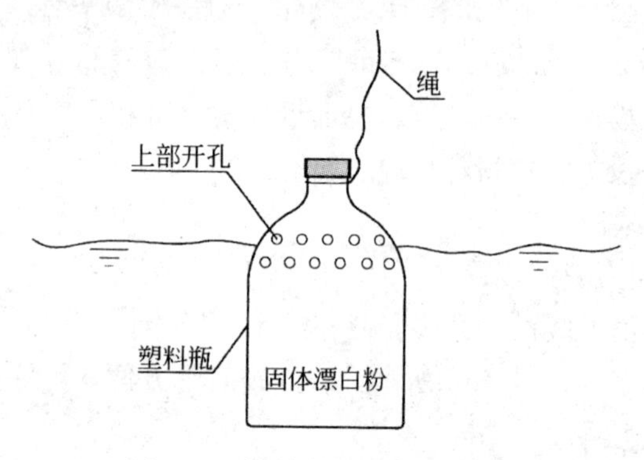

图 5-19　简易容器消毒法示意图

6 特殊水处理

6.1 特殊水危害与识别

特殊水是指水中铁、锰、氟、砷含量或含盐量超过国家标准的水。长期饮用含有这些物质超标的水会对人体会产生一定的危害，因此在水处理中应通过各种方法去除这些有害物质。

含铁和含锰地下水在我国分布很广。水中含铁量高时，水有铁腥味，影响水的口味，铁质沉淀物 Fe_2O_3 会滋长铁细菌，阻塞管道，有时会出现红水；含锰高的水有色、嗅味，家用器具会污染成棕色或黑色，形成黑色沉淀物，阻塞管道。

我国地下水含氟地区分布范围也很广，因长期饮用含氟量高的水可引起以牙齿和骨骼为主的慢性疾病。轻者患氟牙，表现为牙釉质损坏，牙齿过早脱落等，重者则骨关节疼痛，甚至骨骼变形弯腰驼背等，完全丧失了劳动能力，所以高氟水的危害是严重的。

砷在水中以三价、五价的无机砷及有机砷形式存在，三价砷毒性比五价砷强，饮用水中的五价砷较常见。砷为慢性中毒，轻度症状是疲乏和失去活化，较重的中毒出现胃肠道粘膜炎，肾功能下降以及皮肤角质化等。

苦咸水是指水的溶解性总固体大于等于 1000mg/L 的地下水，水中阴阳离子含量过高，饮用水的口感发生明显变化，以至于饮用者难以接受。水中钠的味阈值浓度取决于与其结合的阴离子和水温。在室温时，钠的平均味阈值约为 200mg/L，超过此值，水有涩味，洗手时即便不用肥皂，亦有肥皂的滑腻之感。水中存在的硫酸盐可以产生引人注意的苦涩味，当浓度非常高时，对敏感的消费者有致泻作用。

由于特殊水的处理具有很强的专业技术性，其设计和施工应由具有一定资质的专业单位承担。

6.2 地下水除铁和除锰

我国《生活饮用水卫生标准》(GB 5749)中规定：铁<0.3mg/L，锰<0.1mg/L。当原水中铁、锰含量超过上述标准时，就应进行处理。

地下水中铁、锰超标，主要存在铁超标或铁和锰同时超标两种情况。地下水除铁、锰是氧化还原反应过程，去除地下水中的铁、锰，一般都利用同一原理，即将溶解状态的铁、锰氧化成不溶解的三价铁或四价锰，再经过过滤即达到去除目的。铁和锰的化学反应因环境因素的影响，变化很大，且铁的氧化还原电位比锰低，氧化速率较锰快，所以铁比锰易去除。

6.2.1 地下水除铁

地下水除铁方法很多，例如曝气氧化法、接触过滤氧化法、氯氧化法及高锰酸钾氧化法等。因为曝气氧化法和接触过滤氧化法运行管理方便且比较经济，所以在工程中应用最广。

给水-27 曝气氧化法

适用地区：

适用于全国农村水厂。

定义和目的：

曝气氧化法也称作空气自然氧化法，是利用空气中的氧将二价铁氧化成三价铁使之析出，然后经过滤予以去除。

技术特点与适用情况：

曝气氧化法无需投加药剂，滤池负荷低，运行稳定，原水含铁量高时仍可采用。

技术的局限性：

铁可以和硅酸盐、硫酸盐、腐殖酸、富里酸等络合而形成无机或有机络合铁，当地下水中如有铁的络合物会增加除铁的困难。有机络合物可使铁的反应更为复杂，使氧化过程非常缓慢，一般曝气氧化法，由于氧化时间短，不能将络合物破坏，几乎很少有除铁效果，因此不适用于溶解性硅酸含量较高及高色度地下水。

标准与做法：

(1) 曝气氧化法工艺流程见图 6-1。

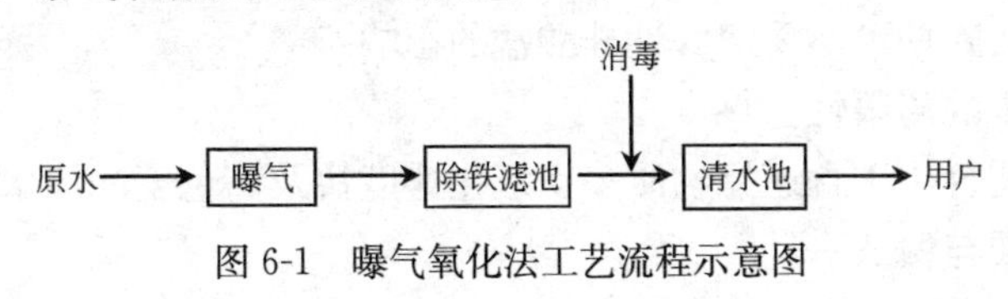

图 6-1 曝气氧化法工艺流程示意图

(2) 曝气装置的选择应根据工程规模、原水水质、曝气程度及处理工艺流程等选定。可采用跌水、淋水、喷水、射流曝气、板条式曝气塔、接触式曝气塔及机械通风式曝气塔等装置，具体详见《室外给水设计规范》、《给排水设计手册》等。

(3) 滤池型式的选择应根据工程规模、原水水质、气候条件及处理工艺流程等确定。

(4) 目前市场上已有成熟的除铁成套设备，有重力式和压力式两种，可连续或间歇运行，处理水量一般在 5～100m^3/d。购买时应选用产品质量合格的产品，经济条件允许，可购买自动化程度较高的产品。

维护及检查：

日常维护及检查主要是滤池，除铁滤池工作周期一般为 8～24h，反冲洗强度 13～20L/(s·m^2)。

其他可参见普通滤池的维护及检查。

造价指标：

除铁成套设备 5000～10000 元/套。

给水-28 接触过滤氧化法

适用地区：

适用于全国农村水厂。

定义和目的：

接触过滤氧化法是以溶解氧为氧化剂，以固体催化剂为滤料，以加速二价铁氧化的除铁方法。含铁地下水经曝气充氧后，进入滤池，二价铁首先被吸附于滤料表面，然后被氧化，氧化生成物作为新的催化剂参与反应，称为自催化氧化反应。

技术特点与适用情况：

接触氧化不需投药，流程短，出水水质良好稳定。采用接触过滤氧化法除铁可不受溶解性硅酸盐的影响。

技术的局限性：

不适合用于含还原物质多、氧化速度快及高色度的原水。

标准与做法：

（1）接触过滤氧化法工艺流程见图 6-2。

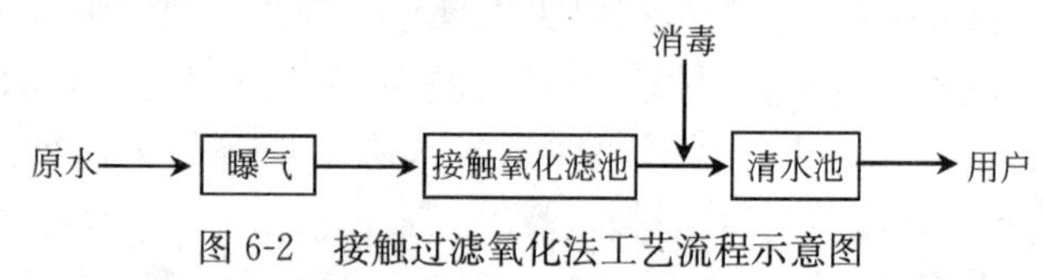

图 6-2　接触过滤氧化法工艺流程示意图

（2）曝气装置同曝气氧化法工艺。

（3）曝气只是为了充氧，充氧后应立即进入滤层，避免滤前生成 Fe^{3+} 胶体穿透滤层。因此，曝气后的水至滤池管路越短越好。

（4）目前市场上已有成熟的设备，处理水量一般在 5～100m^3/d。购买时应选用产品质量合格的产品，经济条件允许，可购买自动化程度较高的产品。

维护及检查：

日常维护及检查主要是滤池，滤池应定时冲洗。反冲洗周期及强度应根据原水水质、滤池型式、滤料种类及厚度等确定。除铁滤池工作周期一般为 8～24h，反冲洗强度 13～20L/(s·m^2)。

造价指标：

成套设备 5000～10000 元/套。

6.2.2　地下水除锰

锰和铁的化学性质相近，所以常共存于地下水中，但铁的氧化还原电位低于锰，容易被 O_2 氧化，相同 pH 值时二价铁比二价锰的氧化速率快，以致影响二价锰的氧化，因此地下水除锰比除铁困难。

锰不能被溶解氧氧化，也难以被氯直接氧化。工程实践中主要采用的除锰方法有：高锰酸钾氧化法、氯接触过滤法和生物固锰除锰法。

给水-29 高锰酸钾氧化法

适用地区：

适用于全国农村水厂。

定义和目的：

高锰酸钾氧化法是以高锰酸钾为氧化剂，将二价锰氧化成四价锰使之析出，然后经沉淀、过滤予以去除。

技术特点与适用情况：

高锰酸钾是比氯更强的氧化剂，它可以在中性和微酸性条件下迅速将水中二氧化锰氧化成四价锰。

技术的局限性：

一般在大、中型集中式给水工程中采用。

标准与做法：

(1) 高锰酸钾氧化法工艺流程见图 6-3。

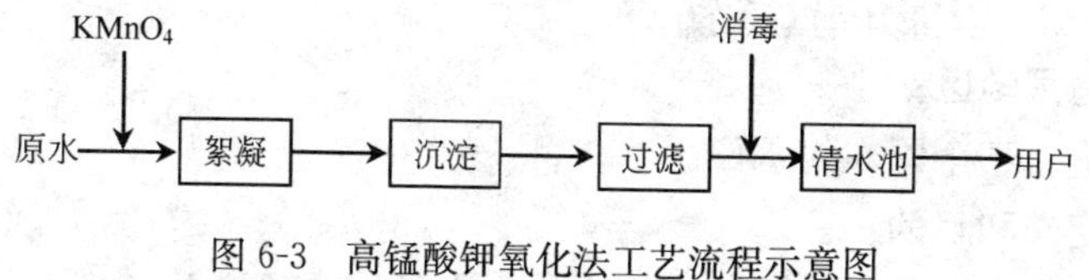

图 6-3 高锰酸钾氧化法工艺流程示意图

(2) 高锰酸钾投加量宜通过试验或根据当地成熟经验确定。

(3) 其他同常规处理工艺。

给水-30 氯接触过滤法

适用地区：

适用于全国农村水厂。

定义和目的：

氯接触过滤法是以氯为氧化剂，以固体催化剂为滤料，以加速二价锰氧化的除锰方法。

技术特点与适用情况:

含锰地下水投氯后，经锰砂滤料滤层，天然锰砂所含的 MnO_2 是氧化的催化剂。二价锰首先被 $MnO(OH)_2$ 吸附，在其催化作用下被强氧化剂迅速氧化为四价锰，继续催化氯对二价锰的氧化作用，吸附与氧化交替作用，完成除锰过程。

技术的局限性:

宜在使用氯方便成熟的地区使用。

标准与做法:

氯接触过滤法工艺流程见图 6-4。

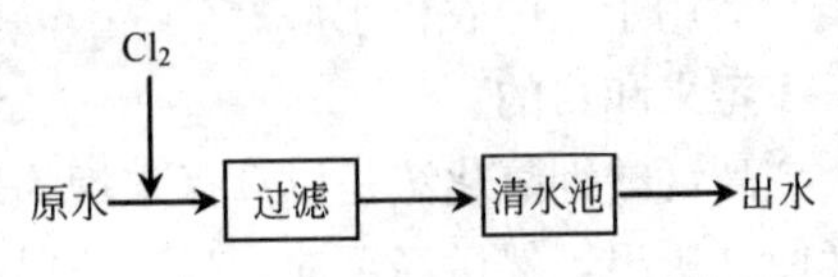

图 6-4　氯接触过滤法工艺流程示意图

维护及检查:

维护及检查主要是加氯设备，详见集中式给水工程消毒有关章节。

造价指标:

成套设备 5000～10000 元/套。

给水-31　生物固锰除锰法

适用地区:

适用于全国农村水厂。

定义和目的:

该法是一种以除锰菌为核心的生物氧化除锰技术。

技术特点与适用情况:

该法是由东北市政设计研究院、哈尔滨建筑工业大学与吉林大学经多年研究的成果。

含锰地下水经曝气充氧后，进入生物滤池，在生物滤池中除锰菌经接种、培养和驯化。在 pH 值中性范围内，二价锰的氧化是以氧化菌为主的生物氧化过程。二价锰首先被吸附于细菌表面，在细菌胞外酶的催化作用下氧化成四价锰成悬浮状态，然后由滤料截留从水中去除。

技术的局限性：

生物除锰滤池必须经除锰菌的接种、培养和驯化，运行中滤层的生物量保持在几十万个/g 湿砂以上，因此对滤池的运行管理要求较高。

标准与做法：

（1）生物固锰除锰法工艺流程见图 6-5。

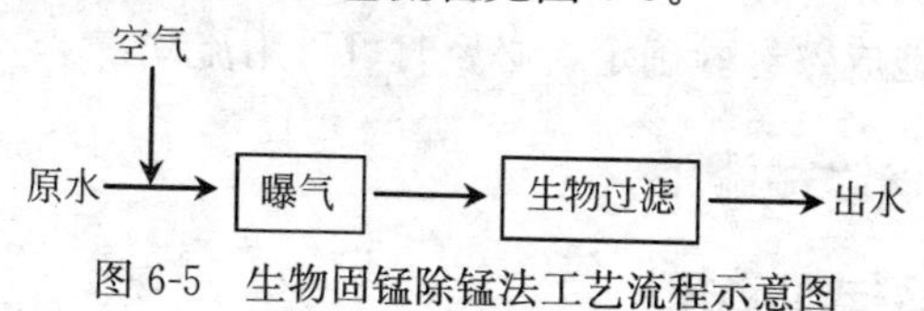

图 6-5 生物固锰除锰法工艺流程示意图

（2）曝气装置同曝气氧化法工艺。

（3）目前市场上已有成熟的设备，处理水量一般在 5～100m³/d。购买时应选用产品质量合格的产品，经济条件允许，可购买自动化程度较高的产品。

维护及检查：

日常维护及检查主要是滤池，滤池应定时冲洗。反冲洗周期及强度应根据原水水质、滤池型式、滤料种类及厚度等确定。除铁滤池工作周期一般为 8～24h，反冲洗强度 13～20L/(s·m²)。冲洗强度过高易使滤料表面活性滤膜破坏，致使初滤水长时间不合格；冲洗强度低则易使滤层结泥球，甚至板结。

造价指标：

成套设备 5000～10000 元/套。

6.2.3 地下水除铁和除锰

对于铁和锰共存的地下水，其处理工艺流程见图 6-6～图 6-8。

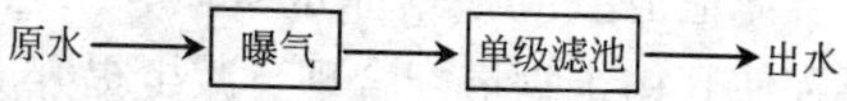

原水 → 曝气 → 单级滤池 → 出水

图 6-6 除铁和除锰工艺流程示意图(一)

原水 → 曝气 → 一级过滤 → 二级过滤 → 出水

图 6-7 除铁和除锰工艺流程示意图(二)

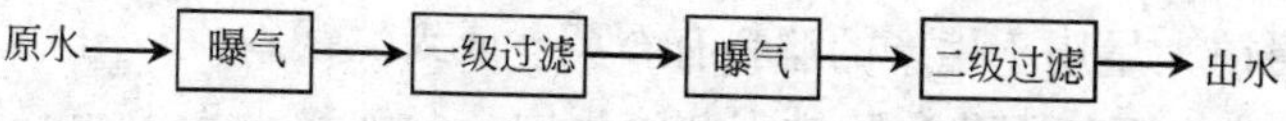

原水 → 曝气 → 一级过滤 → 曝气 → 二级过滤 → 出水

图 6-8 除铁和除锰工艺流程示意图(三)

(1) 当原水含铁量低于 6.0mg/L、含锰量低于 1.5mg/L 时，可采用流程一。

(2) 当原水含铁或含锰量超过上述数值时，应通过试验或根据当地成熟经验确定，必要时可采用流程二。

(3) 当原水中溶解性硅酸盐浓度较高、影响除铁时，应通过试验或根据当地成熟经验确定，必要时可采用流程三。

6.2.4 除铁除锰滤池

1. 滤池型式的选择

普通快滤池和压力滤池工作性能稳定，滤层厚度及反冲洗强度选择有较大的稳定性。前者适用于大、中型水厂，后者主要用于中、小型水厂。

双级压力滤池是一种除铁、除锰构筑物，它使两级过滤一体化，造价低、管理方便，其上层主要除铁，下层主要除锰，工作性能稳定、可靠、处理效果好，适用于铁、锰为中等含量的中小型水厂。双级压力滤池构造见图 6-9。

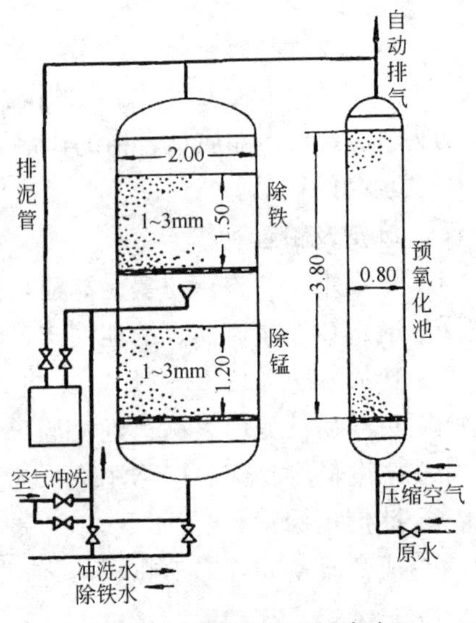

图 6-9 除铁除锰双层滤池

滤池池型应根据原水水质、工艺流程、处理水量等因素来选择。使其构筑物搭配合理，减少提升次数，占地少、布置紧凑、管理方便。

2. 除铁、除锰滤料

滤料要求有足够的机械强度，有足够的化学稳定性，对除铁水质无不良影响等。

目前大量用于生产的滤料有石英砂或天然锰砂。

(1) 在曝气氧化法除铁工艺流程中，含铁量小于 10mg/L 的水可采用石英砂和无烟煤。

(2) 接触氧化法除铁工艺流程中，上述滤料都可用作滤池滤料，一般天然锰砂滤料对水中二价铁离子吸附容量较大，故过滤初期出水水质较好。

(3) 接触氧化法除锰工艺流程中，上述滤料均可采用。当含锰量较高时，宜采用锰砂滤料。

(4) 含铁量大于10mg/L而小于20mg/L，可采用天然锰砂滤料。滤池刚使用时，一般不能使出水含铁量达到饮用水水质标准，直到滤料表面复盖有棕黄色或黄褐色的铁质氧化物时，除铁效果才显现出来，这是由于滤料表面上已形成氢氧化物膜，由于它的催化氧化作用，在较短处理时间内即将水中含铁量降到饮用水标准。无论是石英砂或锰砂为滤料，都会有这种过程，所需时间称为成熟期。成熟期可从数周到1个月以上，石英砂成熟期会稍长，但成熟后的滤料层都会有稳定的除铁效果。

除锰滤池成熟后，滤料上有催化活性的滤膜，外观为黑褐色，据仪器分析，它的成份是高价铁锰混合氧化物，以铁锰为主，可优先吸附二价铁与二价锰并进行催化氧化反应而沉积在滤料上，使活性滤膜不断增长，它可使二价锰较快形成高锰氧化物的催化剂，并且能使除铁、锰在很短的曝气、过滤过程中，能够氧化和去除水中二价锰的原因。

3. 主要技术参数

(1) 粒径：石英砂滤料粒径范围为0.5～1.2mm；
锰砂滤料粒径范围为0.6～2.0mm；

(2) 滤层厚度：重力式滤池为700～1000mm；
压力式滤池为1000～1500mm。

(3) 滤速与冲洗强度

含铁量小于10mg/L，滤速一般采用5～10m/h，冲洗强度13～15l/s·m^2，锰砂滤料滤池滤速一般采用5～8m/h，冲洗强度18L/sm^2，冲洗时间不宜过长，避免破坏锰质活性滤膜，一般为5～10min。

(4) 滤池工作周期

除铁滤池与除锰滤池工作周期一般为8～24h，在设计中，应保证滤池运转后工作周期不小于8h。

6.3 除 氟

我国《生活饮用水卫生标准》(GB 5749—2006)中规定，氟化物含量不得超过1.0mg/L。当原水中氟化物含量超过标准时，就应设法进行处理。

6.3.1 除氟方法

我国饮用水除氟方法大致可以分为以下几种：

(1) 吸附过滤法：含氟水通过滤层，氟离子被吸附在由吸附剂组成的滤层上。当吸附剂的吸附能力逐渐降低至一定的极限值，即滤池出水的含氟量达不到饮用水标准时，需用再生剂再生，恢复吸附剂的除氟能力。以此循环达到除氟的目的。主要吸附剂有：活性氧化铝、活化氟石、骨炭、多介质吸附剂等。

(2) 混凝沉淀法：在含氟水中投加凝聚剂，使之生成絮体而吸附氟离子，经沉淀和过滤将其去除。

(3)膜法：利用半透膜分离水中氟化物，包括电渗析及反渗透两种方法。膜法处理的特点是在除氟的同时，也去除水中的其他离子，尤其适用于含氟苦咸水的淡化。

选择除氟方法应根据原水水质、规模、设备和材料来源经过技术经济比较后确定。

6.3.2 吸附过滤法

给水-32 活性氧化铝吸附法

适用地区：

适用于全国农村水厂。

定义和目的：

以活性氧化铝为吸附剂去除水中氟。

技术特点与适用情况：

活性氧化铝是一种用途很广的吸附剂，它是白色颗粒多孔吸附剂，有较大的比表面积。活性氧化铝是一种两性化合物，在酸性溶液中活性氧化铝表面主要带正电荷，在碱性溶液中（pH＞8 时），活性氧化铝表面主要带负电荷。而活性氧化铝表面带正电荷是吸附 F^- 离子的最基本条件，为了提高去氟效果，一般都采用硫酸降低原水 pH 值呈偏酸性，pH 值一般调至 6.5～7.0，当含有 F^- 离子水通过活性氧化铝带正电荷表面吸附层时，很易吸附 F^- 离子，从而达到除氟效果。

技术的局限性：

(1) 宜用于含氟量小于 10mg/L、悬浮物含量小于 5mg/L 的原水。

(2) 需调整 pH 值。

(3) 活性氧化铝需要再生。

(4) 水中含砷时，砷在活性氧化铝上的积聚将造成对氟离子吸附容量的下降，且使再生时洗脱砷离子比较困难。

标准与做法：

(1) 活性氧化铝除氟工艺可分成原水调节 pH 值和不调 pH 值两类，调节 pH 值时为减少酸的消耗和降低成本，我国一般将 pH 值控制在 6.0～7.0 之间。

其工艺流程见图 6-10。

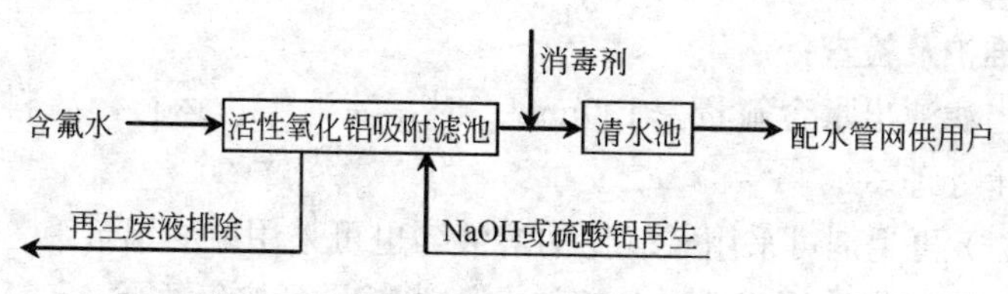

图 6-10 活性氧化铝除氟工艺流程示意图

(2) 除氟滤池

主要技术参数

1) 滤料：除氟滤池滤料粒径一般采用 0.4～1.5mm，滤料应有足够的机械强度，不易磨损和破碎。

2）原水pH值的调整，在进入滤池前宜调节原水pH值为6.0～7.0之间。pH值调整可采用投加硫酸、盐酸、醋酸等液体或投加二氧化碳气体。

3）滤速：原水不调pH值时，滤速为2～3m/h，连续运行时间4～6h，间断运行时间4～6h。当原水pH值小于7.0时，可采用连续运行方式，滤速为6～10m/h。

4）流向：当采用硫酸溶液调整pH值时，宜采用自上而下方式；当采用二氧化碳气体调整pH值时，为防止气体挥发，宜采用自下而上方式。

5）吸附容量

当原水pH值调至6.0～6.5时，吸附容量一般为4～5g(F)/kg(Al_2O_3)；当原水pH值调至6.5～7.0时，吸附容量一般为3～4g(F)/kg(Al_2O_3)；当原水不调pH值时，吸附容量一般为0.8～1.2g(F)/kg(Al_2O_3)。

6）滤层厚度

当原水含氟量小于4mg/L时，滤层厚度宜大于1.5m；当原水含氟量在4～10mg/L时，滤层厚度宜大于1.8m；当原水pH值调至6.0～6.5时，滤层厚度可降低至0.8～1.2m。

7）当采用活性氧化铝吸附法，应检测出厂水铝含量，不应大于《生活饮用水卫生标准》（GB 5749）中的规定，即铝含量≤0.1mg/L。

维护及检查：

当滤池出水含氟量≥1.0mg/L时，滤池停止运行，滤料应进行再生处理。

(1) 再生剂可采用氢氧化钠溶液，也可采用硫酸铝溶液。氢氧化钠溶液浓度采用0.75%～1%，其消耗量可按每去除1g氟化物需8～10g固体氢氧化钠计算；硫酸铝溶液浓度采用2%～3%，其消耗量可按每去除1g氟化物需60～80g固体硫酸铝。

(2) 再生操作

当采用氢氧化钠再生时，再生过程可分为首次冲洗、再生、二次冲洗及中和四个阶段；当采用硫酸铝再生时，则中和阶段可省略。

1）首次反冲洗膨胀率可采用30%～50%，反冲时间10～15min，冲洗强度一般可采用12～16L/(m^2·s)。其作用是去除滤料间截留的悬浮物和松动滤层。

2）再生液自上而下通过滤层，再生时间1～2h，再生液流速为3～10m/h。

3）二次反冲洗强度为3～5L/(m^2·s)，流向自下而上，反冲洗时间1～3h。

4）中和可采用1%硫酸溶液调节进水pH值降至3左右，进水流速与除氟过滤相同，中和时间1～2h，直至出水pH值降至8～9。反冲洗及配制再生溶液均可采用原水。

（3）再生废液处理

1）废水中可投加酸中和至pH值为8左右。

2）投加工业氯化钙溶液沉淀废液中氯化物，投加量为2～4kg/m^3，投加前应先用少量废水溶解氯化钙溶液，投加时应充分搅拌，使之混合反应。

3）静置沉淀数小时，上清液与下一周期首次冲洗水一起排入下水道。

给水-33 活化沸石吸附法

适用地区：

适用于全国农村水厂。

定义和目的：

以活性沸石为吸附剂去除水中氟。

技术特点与适用情况：

活化沸石以硅铝酸盐类矿物质（天然沸石）为原料，经破碎焙烧、煅烧、化学改性活化等八道工序，历经13天加工而成。粒径0.5～1.8mm。

据资料介绍，每吨活化沸石，每小时处理高氟水1～2m^3，过滤方式为升流式（自下而上），滤速3～5m/h，吸附容量1～2g(F)/kg天然沸石，视原水含氟量不同，其过滤周期为7～15d。

活化沸石价格较便宜。

技术的局限性：

宜在使用活化沸石方便的地区使用，且需要对滤料进行再生处理。

标准与做法：

工艺流程见图 6-11：

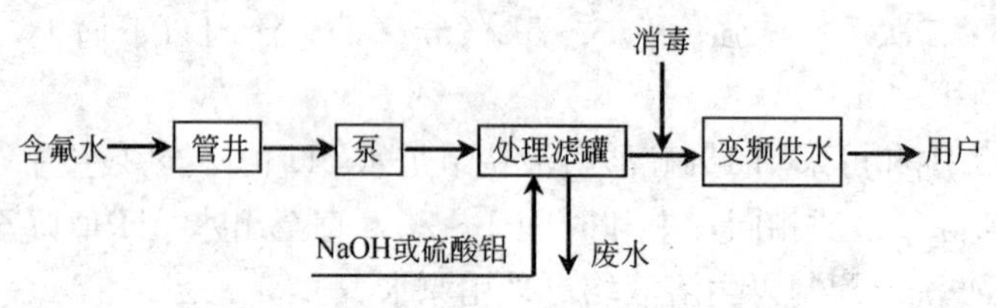

图 6-11 活化沸石法处理工艺流程示意图

维护及检查：

当滤池出水含氟量≥1mg/L 时，需对滤料进行再生处理。再生时先用 3%NaOH 或 5%的明矾循环淋洗 6h，再以 5%明矾浸泡 12h，清水冲洗 10min。

给水-34 复合式多介质过滤法

适用地区：

适用于全国农村水厂。

定义和目的：

新型复合式多介质过滤法是利用新型复合式多介质滤料对水中氟化物进行高效选择特性的吸附过滤过程。

技术特点与适用情况：

复合式多介质是采用大自然中的矿物质、动物骨骼和植物果壳等精炼提取后，根据对不同物质的选择吸附效果，采用多种不同的工序复合后，经过高温下锻烧，而形成的具有特殊吸附性能的天然复合式多介质滤料。

复合式多介质滤料具有高吸附容量的特点，使用周期为 12 个月到 72 个月(介质使用周期与原水中氟含量有关)。工程流程简单，仅设过滤装置，当加压水通过装有复合式多介质的压力容器时，水中的氟化物被多介质滤层吸附，处理后水中的氟化物可达到≤1mg/L。

此法工艺流程简单，操作方便无需调 pH 值，无需投加任何化学药剂，无需化学药剂再生，仅用清水冲洗即可，反冲洗耗水率低。

技术的局限性：

当多介质滤料吸附饱和后，需更换滤料。

标准与做法：

(1) 目前市场上已经有成熟设备，如图 6-12 所示：

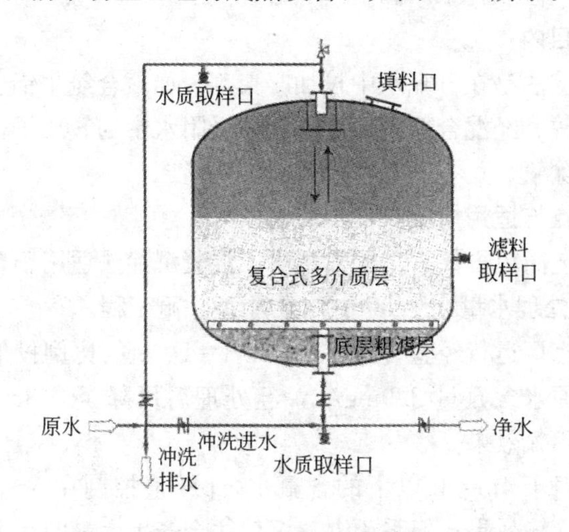

图 6-12 多介质过滤器

(2) 复合式多介质降氟成套设备由多个介质过滤罐组合成的过滤体，再经精滤罐、软化硬度装置、紫外线杀菌器和操控设备组装成。整套设备集水净化、消毒多种功能于一体，适用于多种水源(如：高色度、铁、锰、硫酸盐、砷、氟及异色异味等)，适应性强。同时，实现了生产工艺过程的智能化控制。整套设备操作直观、简便。

维护及检查：

当多介质滤料吸附饱和后，需更换滤料，替换下的滤料，可直接送到垃圾厂处理(也可运回工厂进行回收处理)，废料已通过环保部门测试为无危害物。

造价指标：

供水规模为30～50m^3/d时，投资约18～25万元。

6.3.3 混凝沉淀法

给水-35 混凝沉淀法除氟

适用地区：

适用于全国农村水厂。

定义和目的：

混凝沉淀法是在含氟水中投加凝聚剂，如聚合氯化铝、三氯化铝、硫酸铝等。经混合絮凝形成的絮体吸附水中的氟离子，再经沉淀或过滤而除氟。

技术特点与适用情况：

这种工艺简单方便，工程投资少。混凝沉淀法适用于含氟量小于4mg/L，处理水量小于30m^3/d的小型除氟工程。

根据某水厂运行经验，按F^-：Al^{3+}＝1：9的比例投加液态聚合氯化铝，原水含氟量2.9mg/L，经处理后可降至0.8mg/L，能取得较好的除氟效果。

总之，对于4mg/L以下的含氟水，pH值控制在6～8，可以得到较好的除氟效果。但采用混凝沉淀法会产生大量的污泥，需妥善处置，否则会形成二次污染。

技术的局限性：

对于含氟量超过4mg/L的原水，混凝剂投加量高达含氟量的100倍，水中增加硫酸根离子和氯离子，使处理效果受到影响。

标准与做法：

(1) 工艺流程见图6-13。

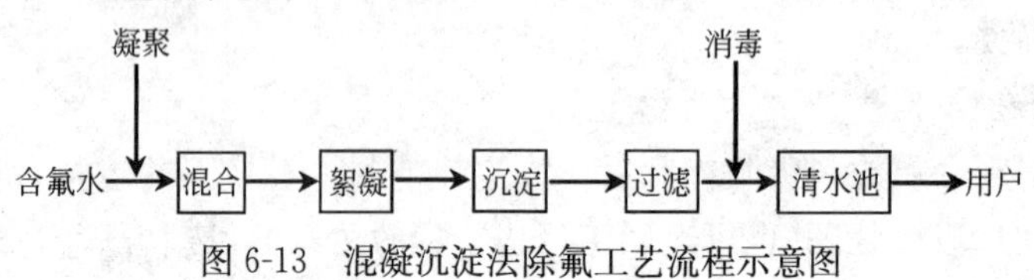

图6-13 混凝沉淀法除氟工艺流程示意图

(2) 凝聚剂投加量按 Al_2O_3 计，为氟含量的 10～15 倍，pH 值宜为 6.5～7.5，沉淀宜采用静止沉淀方式，静止沉淀时间4～8h。

(3) 其他同集中式给水工程常规处理工艺。

6.3.4 膜法

给水-36 电渗析法除氟

适用地区：

适用于全国农村水厂。

定义和目的：

电渗析法除氟是指在直流电场的作用下，利用离子通过选择性离子交换膜的现象，以去除水中的氟。

技术特点与适用情况：

应用电渗析器除氟运行管理简单，不需投加化学药剂，只需调节直流电压即可。电渗析法不仅可去除水中氟离子，还能同时去除其他离子，特别是除盐效果明显。

电渗析器膜上的活性基因，对细菌、藻类、有机物、铁、锰等离子敏感，在膜上形成不可逆反应，因此进入电渗析器的原水应符合下列条件：

浊度 5NTU 以下；

COD_{Mn}小于 3mg/L；

铁小于 0.3mg/L；

锰小于 0.1mg/L；

游离余氯小于 1mg/L；

细菌总数不宜大于 1000 个/mL；

当原水水质超出上述范围，应进行相应预处理。

技术的局限性：

制水成本较高，电渗析器产水率低，外排浓水与极水需妥善处理，防止二次污染。

标准与做法：

(1) 电渗析法除氟一般可采用如图 6-14 所示的工艺流程。

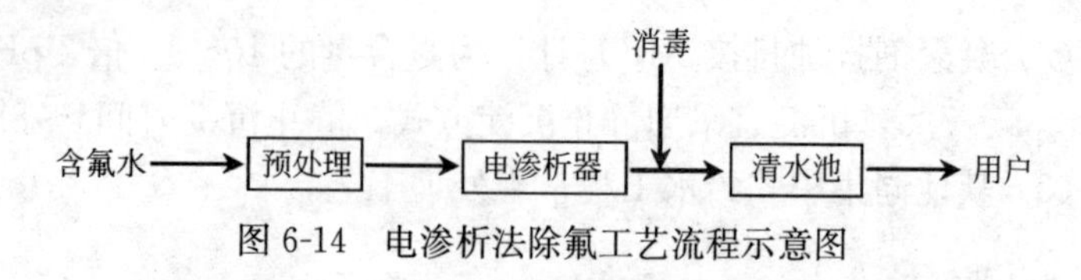

图 6-14 电渗析法除氟工艺流程示意图

(2) 电渗析除氟的主要设备包括：电渗析器、倒极装置、保安过滤器、原水箱或原水加压泵、淡水箱、酸洗槽、酸洗泵、供水泵、压力表、流量计、配电柜、硅整流器、变压器。

(3) 电渗析器应根据原水水质，出水水质要求及氟化物的去除率选择流量、级、段和膜对数。

(4) 目前市场上已有成熟的成套设备，处理水量一般在 10～120m³/d。购买时应选用产品质量合格的产品。

维护及检查：

(1) 电渗析装置维护的主要原则是遵守设备厂家操作方法，做好运行记录：包括水温、电流、电压、浓、淡水和极水的流量和压力、进出水口电导率等数据。

(2) 电渗析装置的运行应掌握开机时先通水，后通电；关机时先停电，后停水的原则，避免设备内无水流动的情况下有电流通过从而引起极化和结垢。

(3) 电渗析应定期酸洗，酸洗方法根据不同设备，按厂家要求进行，一般酸液浓度不得大于 2%。

造价指标：

成套设备一般在 2～10 万元/套。

给水-37 反渗透法除氟

适用地区：

适用于全国农村水厂。

定义和目的：

反渗透法除氟是用足够的压力使溶液中的水通过反渗透膜而分离出来，以去除原水中的氟。

技术特点与适用情况：

进入反渗透装置的原水应符合下列条件：

(1) 浊度 1NTU 以下;

(2) 污染指数(SO_2)小于 5;

(3) 余氯小于 0.1mg/L;

(3) 当原水水质超出上述范围，应进行相应预处理。

技术的局限性:

制水成本较高，产水量低。

标准与做法:

(1) 反渗透法除氟，可采用如图 6-15 工艺流程。

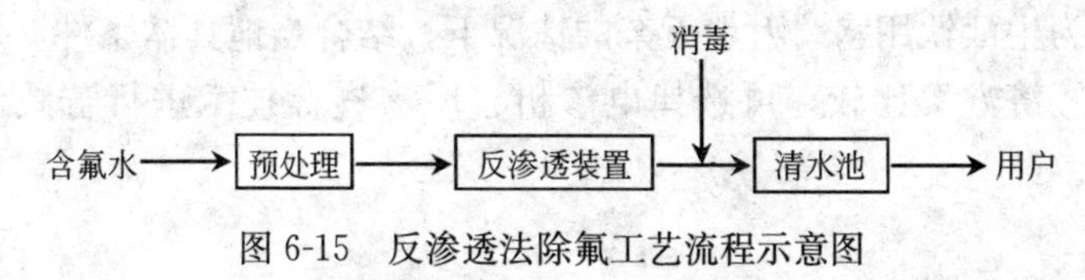

图 6-15 反渗透法除氟工艺流程示意图

(2) 目前市场上已有成熟的成套设备，处理水量一般在 10～120m^3/d。购买时应选用产品质量合格的产品。

维护及检查:

反渗透装置维护的主要原则是遵守设备厂家操作方法，做好运行记录。

处理过程中产生的废水及泥渣应妥善处理，防止形成新污染源。

造价指标:

成套设备一般在 2～10 万元/套。

6.4 除 砷

国家《生活饮用水卫生标准》(GB 5749)中规定，当水中砷含量超过 0.01mg/L 或者供水工程规模≤1000m^3，砷含量＞0.05mg/L 时，应进行除砷处理。

除砷方法类同除氟，可采用活性氧化铝吸附法、混凝沉淀法、电渗析、反渗透法和多介质过滤法。当氟与砷共存时，砷比氟优先吸附。目前上述除砷方法国内仅有单村小型供水工程实例。方法与原理详见本书 6.3 章节。

6.5 苦咸水除盐处理

苦咸水大多分布在我国西北缺水地区和东部沿海地带。这些地区首先应尽量寻找水质良好或溶解性总固体含量符合生活饮用水卫生标准的水源，例如远距离引用黄河水，只要能耗合理，经济条件允许，应结合农业灌溉，实施引黄工程，宁夏中卫市就是一个典型。路途遥远的山区，居住人口不多，也可采用集雨工程，收集雨水作为生活饮用水。万般无奈的情况下，结合当地具体条件，进行技术经济方案比较，可选择电渗析、反渗透等技术进行苦咸水的处理。

给水-38 电渗析法除盐

适用地区：

适用于全国农村水厂。

定义和目的：

电渗析法除盐是指在直流电场的作用下，利用离子通过选择性离子交换膜的现象，以去除原水中的溶解性总固体。

技术特点与适用情况：

电渗析技术有很多技术上的长处，也存在一些问题，我们需要更好地了解它、掌握它，才能让它发挥更大的作用。

(1) 能量消耗相对不大。

电渗析运行过程中，仅用电来迁移水中已解离的离子，不发生相的变化，它所消耗的电能与水中含盐量成正比，当水中含盐量为3000～4000mg/L时，采用电渗析脱盐，被认为是能耗较低的经济适用技术，电耗大约为2～3kWh/m^3，原水含盐量越高，则电耗越大。

(2) 操作简便，易于向自动化方向发展。

运行时只要在恒定电压下，控制浓水、淡水和极水的压力和流量，定期倒换电极即可，易于实现自动化操作。

(3) 设备紧凑，占地面积不大。

水流是通过紧固型多膜对设备进行淡化除盐的，可将辅助设备组合一起，占地少。

（4）设备经久耐用，预处理简便。

膜和隔板均系高分子材料，其材质比蒸馏法所用的金属材料耐腐蚀；此外，电渗析器中水流方向与膜面平行，不像反渗透器中水流垂直通过膜面，故电渗析对进水水质的要求没有反渗透那样高，预处理较简单。

（5）水的利用率高，排水处理容易。

根据原水的含盐量高低，水的利用率可达60～90%不等。

（6）药剂耗量少，环境污染小。

技术的局限性：

（1）电渗析法难于去除离解度小的盐类，如硅酸和碳酸根，无法去除不离解的有机物。

（2）某些高价金属离子和有机物会污染离子交换膜，降低除盐效率。

（3）电渗析器是由几十到几百张极薄的隔板和膜组成，部件多，组装繁杂，一个部件出问题即会影响到整体。

（4）电渗析是使水流在电场中流过，当施加到一定电压后，紧靠膜面的水滞留层中，电解质的含量极小，水的解离度增大，易产生极化、结垢和中性现象，这是电渗析运行中较难掌握又必须重视的问题。

（5）运行成本较高。

标准与做法：

（1）电渗析法除盐一般可采用如图6-16所示的工艺流程。

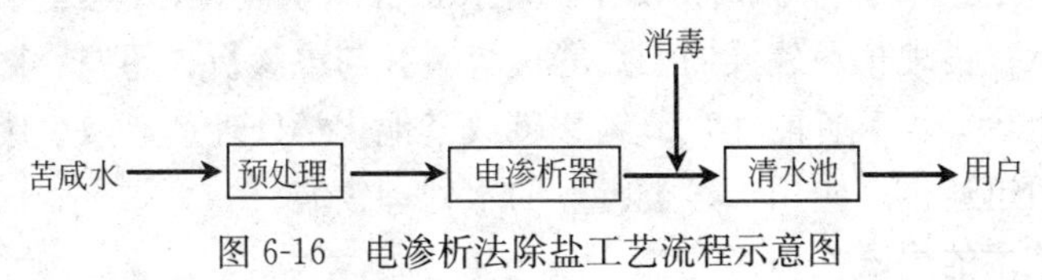

图6-16　电渗析法除盐工艺流程示意图

（2）市场上已有成套设备。

（3）处理系统中的低压管道应选用食品级塑料管或碳钢衬塑管；高压管道可选用SS304或SS316L不锈钢管。阀门宜采用食品级塑料阀、不锈钢阀或碳钢衬胶阀。

维护及检查：

电渗析装置的运行应掌握开机时先通水，后通电；关机时先停电，后停水的原则，避免设备内无水流动的情况下有电流通过从而引起极化和结垢。

电渗析装置的维护主要原则是遵守设备厂家操作方法，做好运行记录：包括水温、电流、电压、浓、淡水和极水的流量和压力、进出水口电导率等数据。

电渗析应定期酸洗，酸洗方法根据不同设备，按厂家要求进行，一般酸液浓度不得大于2%。

苦咸水除盐处理过程中产生的废水及泥渣应妥善处理，防止形成新污染源。

造价指标：

苦咸水处理规模2m³/h的电渗析设备费用约为3万元/套。

给水-39　反渗透法除盐

适用地区：

适用于全国农村水厂。

定义和目的：

反渗透(RO)法除盐是以压力为推动力，利用通过选择性膜将溶液中的溶剂和溶质分离的技术，以去除原水中的溶解性总固体。

技术特点与适用情况：

20世纪60年代末开始用于海水和苦咸水淡化，以其投资省、能耗低、占地少、建设周期短等优势，并与电渗析、超滤、微滤等技术组合，可节省能耗，节约酸碱或其他化学处理剂，减少废液排放，而迅速推广应用于各类行业的水处理领域。

技术的局限性：

运行成本较高。

标准与做法：

(1) 反渗透法除盐可采用如图6-17工艺流程。

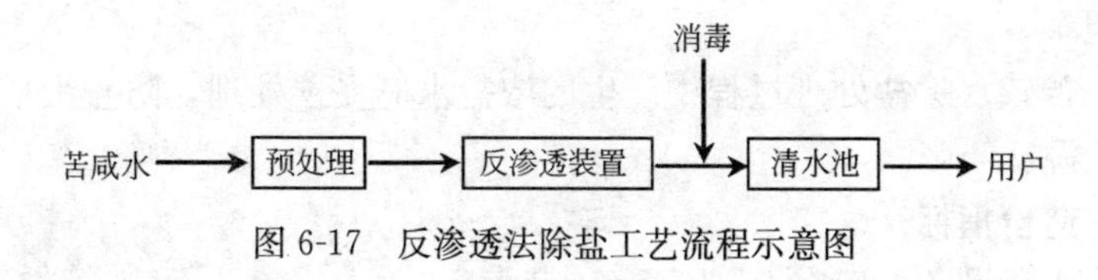

图 6-17 反渗透法除盐工艺流程示意图

(2) 目前市场上已经有成套设备。

(3) 反渗透给水预处理

为保证水处理系统长期安全、稳定地运行，在进入反渗透前，应预先去除进水中的悬浮物、胶体、微生物、有机物、游离性余氯和重金属。反渗透预处理应包括下列 5 方面。

1) 去除原水中的悬浮物和胶体，诸如淤泥、细沙、铁或其他金属的腐蚀产物、二氧化硫被氧化后的硫磺、无机和有机胶体物，防止膜孔堵塞，而影响透水率；

2) 去除原水中有机物以防止膜孔堵塞，而降低透水率；

3) 杀灭细菌和抑制微生物生长，细菌、微生物对醋酸纤维素膜有侵蚀作用，细菌繁殖会造成膜的污染；

4) 防止膜被氧化，例如游离性余氯会破坏膜结构，使聚酰胺膜性能恶化，缩短膜的使用寿命；

5) 防止水中难溶物质在膜面上析出，铁锰离子会在膜表面形成氢氧化物胶体而沉积，过高的钙镁离子会在膜表面结垢。

如果原水不进行预处理，则将导致产水量迅速减少，产水水质下降，工作周期缩短，清洗液等用量很快增加，能耗上升，制水成本提高，膜的使用寿命缩短，将给操作管理带来许多麻烦。

(4) 反渗透给水后处理

反渗透装置的产水中一般主要成分是钠、氯、重碳酸根离子和二氧化碳，由于二氧化碳是 100%通过膜的，因此产水的 pH 值低，呈酸性，有一定的腐蚀性。当苦咸水淡化用于生活饮用水时，出水需加氢氧化钠或石灰，或兑适当比例的原水，调节 pH 值至中性，此外，还需投加消毒剂作为后处理。

维护及检查：

反渗透装置的维护主要原则是遵守设备厂家操作方法，做好运行记录。

苦咸水除盐处理过程中产生的浓盐水应妥善处理，防止形成新污染源。

造价指标：

成套设备一般在 2～10 万元/套。

处理规模 50～100m^3/d 的成套设备一般在 2～10 万元/套。

7 工程实例分析

7.1 山东省“村村通”自来水工程

2005 年，国家启动了农村饮水安全工程，山东省委、省政府结合国家实施的农村饮水安全工程，作出了以饮水安全为基准，以村村通自来水为主要工程形式，高标准解决农村饮水不安全问题的决策。自 2005 年开始实施村村通自来水工程，截止 2007 年底，山东省累计投入资金 74.12 亿元，建成农村自来水工程 13307 处，新增农村自来水受益人口 2610 万人，农村自来水普及率提高 39.5 个百分点，由 2004 年底的 42.6%提高到了 82.1%，普及率居全国各省区首位。村村通自来水工程实施后，全省有 7 个市自来水普及率达到 95%以上；有 5 个市达到 90%以上；有 3 个市达到 80%以上。全省 140 个县(市、区)中，有 103 个县农村自来水普及率超过 80%，其中 71 个县达到 95%以上。

山东省村村通自来水工程建设的主要特点是：

(1) 突破当地水源限制，坚持优质水源集约利用。打破过去就地取水模式，在选择合格水源上下功夫，使水源的水质水量更有保证。鲁西北、鲁西南高氟高碘区过去主要依靠当地地下水，现在依托平原水库，引蓄黄河水为水源成为新的发展之路。目前，全省有平原水库 684 座，其中 108 座水库已作为饮用水源。山前平原区、山丘区以优质地下水和山区水库为水源，建设大水厂，集中统一供水。城市近郊和城镇驻地周边地区，则利用城市自来水供水管网，努力向周边村庄辐射，确保供水水质安全。

(2) 突破单村、小规模的工程型式，坚持规模化发展。单村供水不仅建设成本高，而且不易管理，难以实现工程良性运营。在这次村村通自来水工程建设中，山东省明确提出山丘区单个工程供水规模不少于1万人，平原区不少于1.5万人，规模化发展成为各地实施工程建设的自觉行动和主体形式。全省新建工程中，通过联片集中供水和管网延伸工程解决的农村自来水人口比例逐年增加。2005年是54%，2006年是73%，今年1～10月份达到79%。据统计，全省已建成5万人以上的规模化集中供水工程113处，其中5万～10万人的60处，10万～30万人的47处，30万人以上的6处。潍坊高密市依托峡山水库充足的水源、城北水库600万方调蓄能力以及孚日家纺水厂4万吨日供水能力，以孚日家纺水厂为水源地，一次性解决了北部6乡镇20.2万人的自来水问题。现在，该市又动工兴建西部水厂，通过远距离调引峡山水库水，一次性解决西部、南部8乡镇34万人的自来水问题。

(3) 突破传统建管模式，坚持机制体制创新。首先，鼓励社会资金进入农村供水市场，走市场化运作的路子，较好地解决了供水工程产权不明晰、经营权不活的问题，为工程长效运行奠定了好的体制、机制基础。同时，多渠道、多元化的投融资机制，在一定程度上解决了建设资金短缺问题。2005年以来，山东省通过市场化融资吸纳社会资金达6.6亿元，占总投资的9.1%。其次，推行项目法人负责制。在工程建设之初就明确项目法人，并参与到工程的建设中来，工程建成后，负责工程后期运行管理，从机制上解决了建设和管理脱节问题，提高了工程建设和管理水平。全省有85%以上的新建工程在项目实施阶段就落实了项目法人。第三，实行企业化运营。各地在明晰工程产权的基础上，大力提倡和推行供水工程的企业化运营，坚持以水养水、长效运行的方向。全省新建的集中供水工程80%以上成立了供水中心、供水协会或供水公司等，大大增强了供水工程的运行活力。第四，对已建成的农村自来水工程推行租赁、拍卖、股份制改革等灵活多样的方式，明确工程产权和经营管理权，切实提高工程管理效益。

(4) 突破粗放建设习惯，坚持高标准严要求。过去以村为单位建设的农村供水工程，面广点散，工程标准不统一，工程质量不高。在村村通自来水工程建设中，严格按国家规范办事，省里专门制定了《村村通自来水工程技术要点》。各地普遍以县为单位统一规划设计，统一标准质量，统一招投标，统一检查验收，并严格实行项目法人制、招标投标制、建设监理制、合同管理制，严把设备材料质量关、施工队伍选择关、工程质量监督关、工程检查验收关，确保工程质量优良。同时，各地积极应用现代科技成果，大力推广水质处理、现代化信息管理、自动化控制、管网优化设计等先进技术，全省 90%的县建设的规模集中供水工程配套建设了自动化控制设备。

7.2 集中式供水工程实例

1. 山东省无棣县农村自来水供水工程

无棣县位于山东省最北部，与河北省海兴县隔河相望，全县面积 1998 平方公里，辖 6 镇 5 乡，593 个行政村，总人口 43 万人。无棣县濒临渤海，区内淡水资源贫乏，历史上全县人畜吃水十分困难，广大群众只能以涮街水、坑塘水、土井水、屋檐水或河道性客水为饮用水源。在各级领导的大力关怀和支持下，立足县、乡财力和群众实际承受能力，确立了分期实施的战略目标。无棣县农村自来水供水工程自 1999 年至 2004 年历时 6 年分三期实施，完成总投资 1.2 亿元，铺设主管线 889 公里，使 35.8 万群众吃上了甘甜卫生的自来水。无棣县农村供水工程以三角洼、芦家河子两座千万方大型平原引黄水库为依托，建成水厂两座。其中三角洼水库供水工程投资 5386 万元，主管道全长 566 公里，水厂设计日供水能力万立方米，管网覆盖了碣石山、柳堡、车镇、信阳、水湾、小泊头、埕口 7 乡镇和马山子镇的部分村庄，360 个行政村，解决吃水人口 25.5 万人；芦家河子水库供水工程投资 2743 万元，供水主管道全长 280 公里，水厂设计日供水能力 5000 立方米，管网覆盖了西小王、佘家巷、马山子 3 个乡镇，124 个行政村，解决吃水人口 10.3 万人。

无棣县农村自来水供水工程实施后，为加强供水工程的运行管理，2000 年 3 月成立了无棣县农村供水总公司。几年来，通过公司干部职工的共同努力和各级各部门的大力支持，我们的供水事业

图 7-1 山东省无棣县水厂外景

得到了健康稳定地发展。至 2006 年 10 月，无棣县实现自来水入户率达到了 98%，在全省已率先完成“村村通”自来水工程任务目标。并先后完成了水质改良、滨州港供水等多项县重点工程。为了保证供水安全，投资 287 万元，实施了芦家河子净水厂水质改良工程，于 2005 年 9 月开工至 2006 年 5 月 16 日建成竣工并投入运行，新建日处理水能力 1 万立方米的水处理设施一套，使芦家河子水厂出厂水水质完全达到了国家最新的生活饮用水卫生标准，彻底解决了该县东部 10 余万群众的饮水安全问题；三角洼水厂水质改良工程：在完成芦家河子水质改良工程后，又于 2006 年 10 月投资 440 余万元，适时启动三角洼水厂水质改良工程，该工程已于 2007 年 6 月初完工，并投产试运行，取得了令人满意的效果，使三角洼水厂出厂水相关指标达到了国家最新标准。滨州港三千吨和万吨港供水工程总投资 400 万元，分别于 2005 年 5 月和 2006 年 7 月，分两期实施，共铺设主管线 57 公里，解决了港区生产生活最紧迫的用水问题，为滨州港经济园区开发建设提供了良好的基础条件；无棣县湿地工业园区供水工程 2007 年 3 月 26 日开始实施，5 月 1 日通水成功，以三角洼水厂为供水水源，供水管道经车镇、柳堡两乡镇直达湿地工业园区，供水管网长 16 公里，总投资 430 万元。该工程的成功供水彻底解决了开发区饮用水困难，保障湿地工业园区工业项目的顺利投产运营，极大地促进了无棣县招商引资工作的开展，更为园区工业企业的腾飞奠定了基础。

无棣县农村自来水供水工程的建设及成功运行，彻底结束了无棣人民吃苦咸水的历史，极大地促进了全县社会经济和各项事业的快速发展。

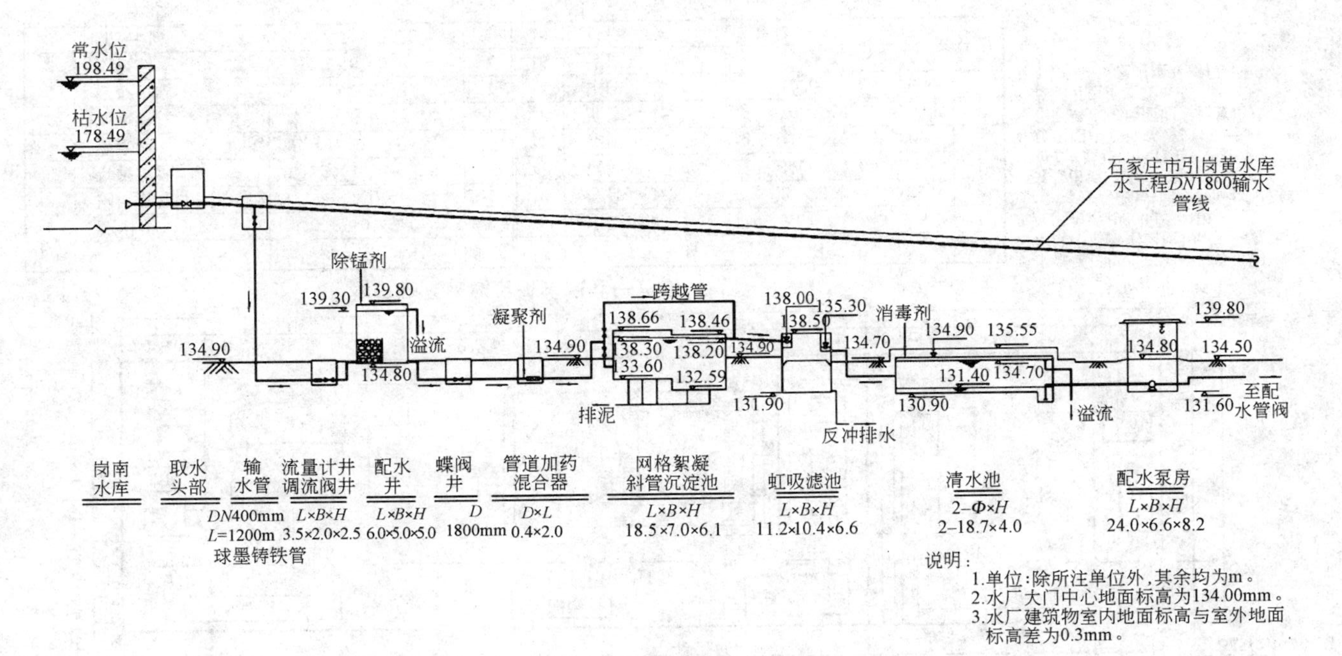

图 7-2 河北省平山县桥东水厂工艺流程图

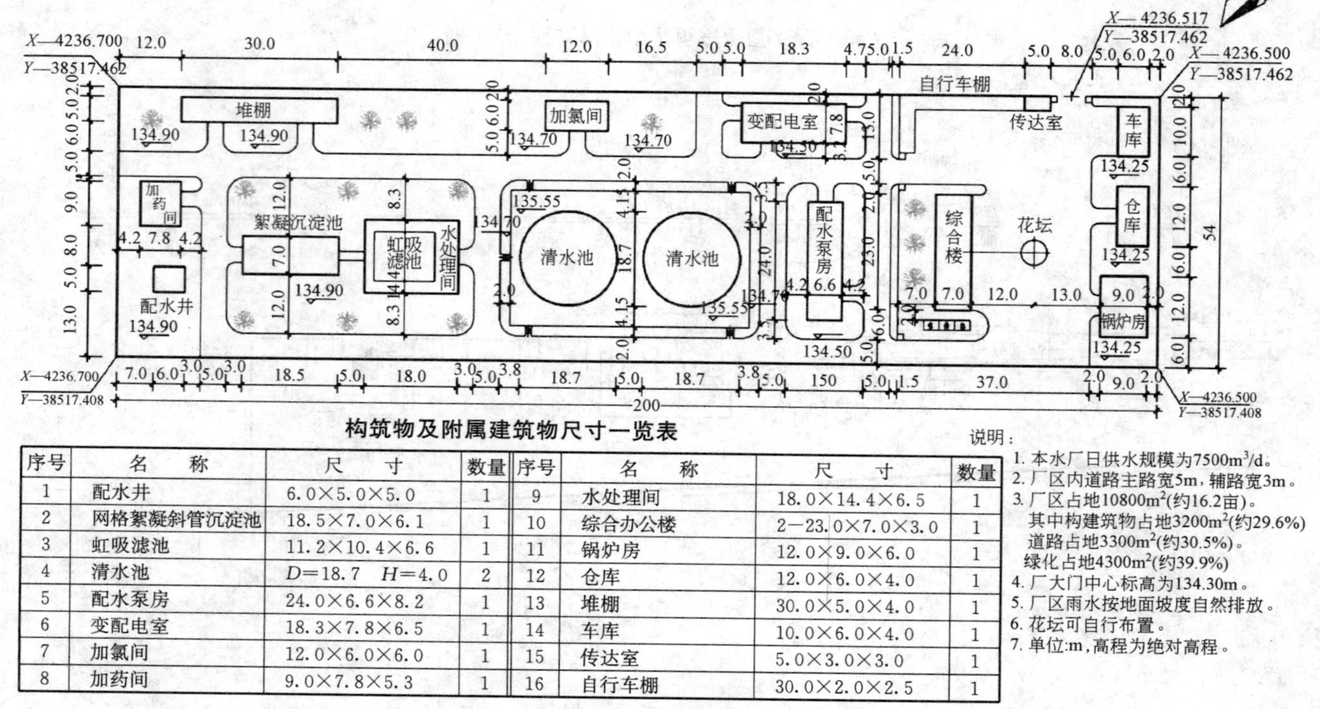

构筑物及附属建筑物尺寸一览表

序号	名称	尺寸	数量	序号	名称	尺寸	数量
1	配水井	6.0×5.0×5.0	1	9	水处理间	18.0×14.4×6.5	1
2	网格絮凝斜管沉淀池	18.5×7.0×6.1	1	10	综合办公楼	2—23.0×7.0×3.0	1
3	虹吸滤池	11.2×10.4×6.6	1	11	锅炉房	12.0×9.0×6.0	1
4	清水池	D=18.7 H=4.0	2	12	仓库	12.0×6.0×4.0	1
5	配水泵房	24.0×6.6×8.2	1	13	堆棚	30.0×5.0×4.0	1
6	变配电室	18.3×7.8×6.5	1	14	车库	10.0×6.0×4.0	1
7	加氯间	12.0×6.0×6.0	1	15	传达室	5.0×3.0×3.0	1
8	加药间	9.0×7.8×5.3	1	16	自行车棚	30.0×2.0×2.5	1

说明：

1. 本水厂日供水规模为7500m^3/d。
2. 厂区内道路主路宽5m，辅路宽3m。
3. 厂区占地10800m^2(约16.2亩)。
   其中构建筑物占地3200m^2(约29.6%)
   道路占地3300m^2(约30.5%)。
   绿化占地4300m^2(约39.9%)
4. 厂大门中心标高为134.30m。
5. 厂区雨水按地面坡度自然排放。
6. 花坛可自行布置。
7. 单位:m，高程为绝对高程。

图 7-3 河北省平山县桥东水厂平面布置图

2. 河北省平山县桥东水厂供水工程

平山县位于河北省西部，太行山中段东麓，隶属于石家庄市，距石家庄市40公里。石家庄市人民政府([99] 市政第8号文)《关于引岗南水库水供水二期工程为平山预留取水口解决县城吃水难问题的批复》同意在引岗南水库水供水二期工程输水管线上为平山县预留取水口，预留管管径可按 *DN*600mm 考虑，日供水量可达3万立方米。为解决平山县农民吃水难问题，平山县政府十分重视并同意从该部分水中向农村居民调拨一部分水。桥东水厂供水工程设计规模为7500m^3/d，规划受益人口约85000人。

该工程包括输水管道、净水厂与供水管网工程三部分。水厂工艺流程见图7-2，水厂平面布置图见图7-3。

项目实施后，不仅解决了平山县35个行政村农民吃水难的问题，并进一步促进了平山县经济的可持续发展，提高农民生活质量。

7.3 特殊水处理工程实例

7.3.1 含氟水处理应用实例

1. 实例一

辽宁省凌海市哈达铺村水厂，水源为浅层地下水，井深28m，原水含氟量2.04mg/L，采用天然沸石作滤料吸附过滤法处理，该工程设计供水人口3000人，选用3个处理过滤罐，直径ϕ1400mm，*H*3200mm(2用1备)。

该工程于2006年11月投入运行。

2. 实例二

山西省代县峪口乡贾村水厂，原水含氟量1.9mg/L，采用多介质过滤法处理(图7-4)，该工程设计供水人口1200人，供水规模50m^3/d，选用4个处理过滤罐，出水氟含量0.6mg/L。

3. 实例三

为解决农村和牧区人民的饮水问题，早在20年前，河北沧州沿

图 7-4 复合式多介质过滤法除氟

海农村及新疆农村就已经采用电渗析技术处理苦咸水。沧州市地处河北省东南部，东邻渤海。该市土地盐碱，浅层地下水苦咸，深层地下水含氟量超标，村民一直为缺水、苦水、咸水、高氟水所困扰。尤其近十几年来，连年干旱，降水量少，直接影响人民群众的生活质量，也在一定程度上制约了经济社会的可持续发展。2000 年以来，按照全国农村饮水安全项目的实施部署，该市逐年推进，取得显著成效。2005～2007 年，全市解决了 540 个村、50.68 万人的农村饮水困难，共建深井工程 242 个、苦咸水淡化 90 个、饮水降氟 126 个、农村集中供水工程 18 个以及城市供水管网延伸工程 180 个，总投资 1.93 亿元。

近年来沧州地区采用反渗透及电渗析统计如表 7-1 所示。

沧州地区反渗透和电渗析处理苦咸水统计表　　表 7-1

设备名称	规模(m^3/h)	数量(台)	服务人口(人)
反渗透	1～2	12	12000
电渗析	0.5～1	308	154000
电渗析	1～2	150	150000
电渗析	10	1	5000
电渗析	20	1	10000

由此可见，以每人每日饮用水量 20L，设备每日运行 10h 计，沧州地区采用的反渗透和电渗析技术已能解决近 38 万人饮用苦咸水或高氟水问题。

工程实例：沧州市孟村镇一街毗邻县城，总人口2550人，20世纪60年代，村民饮用含氟深井水，氟斑牙及骨质疏松患者较多。2005年春，新建饮水工程一处，包括400m深井、深井泵、EDSI-3型电渗析设备($20m^3/h$)、100kVA变压器、恒压变频设备、$110m^3$钢筋混凝土蓄水池以及供水管道2000m，总投资55万元。

7.3.2　含砷水处理应用实例

工程实例：内蒙巴彦淖尔市临河区白脑包镇水处理工程，该工程水源为地下水，水中含砷，原水含砷量为0.162mg/L，采用多介质过滤法除砷。该工程供水人口450人，110户，供水规模$50m^3/d$，出水含砷量为0.0004mg/L。

工艺流程如图7-5所示

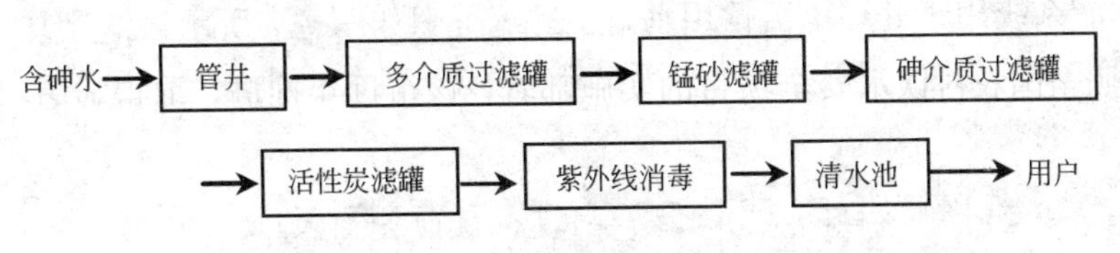

图7-5　复合式多介质过滤法除砷工艺流程示意图

处理效果：砷含量由0.162mg/L降低至0.0004mg/L，其他水中超标物铁锰、硫酸盐、氯化物经处理后出水水质都达到国家《生活饮用水卫生标准》(GB 5749)。

整套装置采用全自动控制系统，无须加任何化学药剂和无需再生操作。仅需反冲洗，反冲洗耗水率低仅2%，操作简便，仅需1人即可管理。据管理人员介绍，每7～14天反冲洗一次。砷介质滤料一般2～6年换一次，视原水水质而定。该介质更换方便，替换下的废料，可直接送到垃圾站处理也可运回工厂进行回收处理，废料已通过环保部门测试为无害物。

截止2007年底内蒙古、山西省等安装多介质过滤器12台机组，其中除砷8台，除氟3台，除硫酸盐1台。如内蒙巴彦淖尔市五原县隆兴昌镇东土城农场村水处理工程，见图7-6。

图 7-6 复合式多介质过滤法除砷

7.3.3 苦咸水处理应用实例

山东某海岛地下水为苦咸水，含盐量为 2365mg/L，硬度近 28mmol/L，远高于生活饮用水卫生标准的规定。1997 年建立一套纳滤系统用于处理生活饮用水，工程流程图如图 7-7 所示。纳滤装置产水的总脱盐率达 80%，硬度小于 1mmol/L，符合生活饮用水标准的要求。

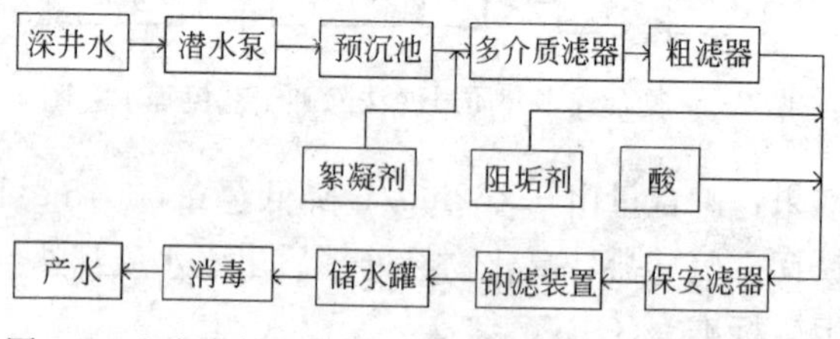

图 7-7 山东省某海岛苦咸水纳滤淡化工艺流程示意图

参 考 文 献

[1] 国家发改委　水利部　卫生部.《全国农村饮水安全现状调查评估报告》. 2005 年 12 月.

[2] 国家发改委　水利部　卫生部.《全国农村饮水安全工程“十一五”规划》. 2007 年 8 月.

[3] 中国水利水电科学研究院　水利部农村饮水安全中心.《全国农村饮水安全技术交流研讨会论文集》，2008 年 11 月.